2 電気・電子工学基礎 シリーズ

電磁エネルギー
変換工学

松木英敏・一ノ倉 理 [著]

朝倉書店

電気・電子工学基礎シリーズ　編集委員

編集委員長	宮城　　光信	東北大学名誉教授
編集幹事	濱島高太郎	東北大学教授
	安達　文幸	東北大学教授
	吉澤　　誠	東北大学教授
	佐橋　政司	東北大学教授
	金井　　浩	東北大学教授
	羽生　貴弘	東北大学教授

序

　電気エネルギーは熱エネルギーや機械エネルギーなどさまざまな一次エネルギーを変換して得られる二次エネルギーであり，高密度，かつ容易に他のエネルギー形態に変換できる特徴があるため，エネルギー貯蔵が困難であるにもかかわらず，現代社会は電気エネルギーへの変換とその利用を基に発展してきた．本書では，電気エネルギーの利用において重要な電磁エネルギー変換原理とその応用について記述している．本書は大学工学部3年生を対象にした教科書であり，図をふんだんに用いてできるだけ平易な説明を心がけた．

　本書は前半において，電磁エネルギー変換に関する基礎的事項について学び，後半において，代表的な電磁エネルギー変換機器である電力用変圧器および回転電気機械について学ぶ内容になっている．回転電気機械には発電機，モータが含まれる．

　まず，一次エネルギーから電気エネルギーへの変換過程における基礎となる変換効率の概念について学ぶ．そして，変換過程で重要な役割を果たす電磁エネルギーについて，マックスウェルの方程式との関連を含めて理解を深める．

　電気エネルギーは，他のエネルギーへの変換が高効率で容易に行える優れた性質を持つ．本書では特に重要な機械エネルギーへの変換に注目し，電気回路的記述法と力学的記述法について学び，それぞれの特色について把握する．そのなかで，電気機械結合系においては，本質的に，エネルギー損失なく相互にエネルギー変換がなされることを学ぶ．

　代表的な電磁エネルギー変換機器は電力用変圧器である．これは電気エネルギーの相互変換機器であるが，回路的手法に基づく解析を行うことで，変圧器にとどまらず，回転電気機械の特性を記述する際にも適用できる基礎的事項が多く含まれており，本書ではそれらについて詳細に学ぶ．

　回転電気機械は現代社会における発電源（発電機），動力源（モータ）として欠かすことのできない重要な機器であり，直流回転機械と交流回転機械に大別される．直流回転機械は直流機，交流回転機械は同期機と誘導機からなる．

　本書においてはまず，直流機についてその構造，特性について学び，発電

機，モータとしての動作や制御性について理解を深める．

　交流電気機械である同期機については，火力や原子力などの大型発電所に適用されている同期発電機について原理と構造を学ぶ．ついで，定速回転機である同期モータの特性について学ぶ．誘導機については，現在動力用として最も多用されている誘導モータを中心に学ぶ．

　回転電気機械はパワーエレクトロニクス技術の発展と相まって，小型から大容量のものまでますます需要が高まり，重要性を増している．本書によって学んだ諸君が，より一層，電磁エネルギー変換工学に興味をいだき，この分野で活躍してくれることができれば望外の喜びである．

2010年1月

松木英敏
一ノ倉　理

目　　次

1. 序　　論 ··· 1
   1.1 エネルギーと仕事率 ·· 1
   1.2 エネルギーとエネルギー変換 ·· 1
   1.3 エネルギー変換の歴史 ·· 4
   1.4 電気エネルギーへの変換 ·· 6
   1.5 工学的エネルギー変換機器とセンサ ·· 8
   1.6 熱力学三法則 ··· 8
   1.7 カルノー効率 ··· 9

2. 電磁エネルギー変換の基礎 ··· 11
   2.1 マックスウェルの方程式とその積分形 ··· 11
   2.2 エネルギーと電磁波伝播 ·· 13
   2.3 マックスウェルの方程式と磁気回路方程式 ·· 16
   2.4 電源電圧と磁気回路方程式 ·· 24

3. 磁気エネルギーとエネルギー変換 ·· 29
   3.1 磁気エネルギーと磁気随伴エネルギー ··· 29
   3.2 機械的仕事と電磁力 ··· 34
   3.3 電磁力の表現 ·· 35
   3.4 回転系における電磁力とトルク ·· 37
   3.5 回転磁界と電気機械 ··· 39
   3.6 電気機械結合系の表現 ··· 42
   3.7 電気機械結合系におけるエネルギー変換 ·· 46

4. 変　圧　器 ··· 51
   4.1 磁心の等価回路 ·· 51
   4.2 変圧器等価回路 ·· 55

 4.3 変圧器等価回路とベクトル図 …………………………………… 62
 4.4 電圧変動率 ……………………………………………………… 63
 4.5 電力伝送効率 …………………………………………………… 66
 4.6 三相変圧器 ……………………………………………………… 69

5. 直流機 …………………………………………………………………… 74
 5.1 直流機の原理と構造 …………………………………………… 74
 5.2 電機子巻線法 …………………………………………………… 77
 5.3 誘導起電力とトルク …………………………………………… 80
 5.4 直流機の励磁方式と電機子反作用 …………………………… 82
 5.5 直流モータの特性 ……………………………………………… 85
 5.6 直流発電機の特性 ……………………………………………… 89
 5.7 直流モータの制御 ……………………………………………… 90
 5.8 直流モータの過渡特性 ………………………………………… 93

6. 同期機 I ………………………………………………………………… 97
 6.1 同期発電機の原理と構造 ……………………………………… 97
 6.2 同期発電機の誘導起電力 ……………………………………… 100
 6.3 同期発電機の電機子反作用 …………………………………… 104
 6.4 ベクトル図と等価回路 ………………………………………… 107
 6.5 同期発電機の特性 ……………………………………………… 110
 6.6 同期発電機の並行運転 ………………………………………… 115

7. 同期機 II ………………………………………………………………… 119
 7.1 同期モータの等価回路とベクトル図 ………………………… 119
 7.2 同期モータの特性 ……………………………………………… 122
 7.3 ブロンデル線図とV曲線 ……………………………………… 124
 7.4 同期モータの始動 ……………………………………………… 126
 7.5 同期機の過渡現象 ……………………………………………… 127

8. 誘導機 …………………………………………………………………… 132
 8.1 誘導モータの原理と構造 ……………………………………… 132

8.2 誘導起電力とすべり …………………………………… 133
8.3 誘導モータの等価回路 …………………………………… 136
8.4 誘導モータの特性 ………………………………………… 139
8.5 誘導発電機と誘導制動機 ………………………………… 142
8.6 誘導モータの始動 ………………………………………… 143
8.7 誘導モータの速度制御 …………………………………… 147
8.8 単相誘導モータ …………………………………………… 150

演習問題の解答 …………………………………………………… 155

参 考 文 献 …………………………………………………………… 166

索　　引 ……………………………………………………………… 167

1 序　　論

1.1　エネルギーと仕事率

「エネルギー」とは，仕事をする潜在能力というべき量であり，仕事量を表す単位 J「ジュール」で測られる．1 ジュールは機械的仕事でいえば 1 N の力でものを力の方向に 1 m 動かしたときの仕事量である．動かすのに要する時間は考えない．1 秒で動かしても 10 分かけて動かしても，力と移動距離が同じであれば仕事量としては同じである．

これに対して，その仕事量を 1 秒あたりの仕事量に換算したものが仕事率 W「ワット」である．1 W は 1 J/s である．1 J の仕事量を 1 ms でこなせば仕事率は 1 kW であり，1 分かけてゆっくりこなせば仕事率は 17 mW である．たとえば，人間が生きていくために 1 日あたりおよそ 8400 kJ（2000 kcal）のエネルギーを取り入れているが，たとえばそれをすべて仕事率に換算したとすると，その値は 97 W となる．

同じ量の仕事をどれだけ速くできるかを示す指標が仕事率であり，仕事率は仕事量の総量を示す指標ではない．同じ量の仕事を短時間でできる能力は「高品質である」という．

1.2　エネルギーとエネルギー変換

世界に存在するエネルギーの総量は不変と考えられている．これを**エネルギー保存則**という．総量が不変，ということは，無からエネルギーは発生しないことを意味する．したがって，「永久機関」は存在しない．永久磁石の「磁力」が永久であり，それに由来する磁気力を使えば永久機関ができると考えるのは幻想にすぎない．

エネルギーは潜在能力ゆえに目にはみえないが，潜在能力を持つ「もの」は見える．これを「もの」のエネルギーと呼んでいる．たとえば，石油はエネルギーではないが，石油が持つ「仕事の潜在能力の総量」を「石油エネルギー」と呼ぶのである．この「もの」の形は移りゆくことが可能で，これを「エネルギー変換」という．「もの」によっては潜在能力の全量を保ったまま移りゆく，すなわち変換することができるが，一部のみしか移れない場合もある．この移りきれなかったエネルギーを持つ「もの」の形が熱である．変換を重ねるごとにこの「熱エネルギー」は増大し，移りゆくことができなかったエネルギーゆえに可逆的には戻れない性質を持つ．すなわち，世界のエネルギーの総量は一定であり，変換を重ねるごとに非可逆的な熱エネルギーが増大していく．これをエントロピー増大則という．

　潜在能力を持つ「もの」の形には光，石油，石炭，風，電気などいろいろ考えられる．これらのなかで，自然界に存在するものを一次エネルギーと呼ぶ．一次エネルギーには原子力，天然ガス，石炭，石油，新エネルギーなどがある．新エネルギーのなかには太陽，風力，潮汐，波力，地熱，バイオマスなどが含まれる．

　自然界に存在せず，変換によってのみ得られるものを二次エネルギーと呼ぶ．電気エネルギー，石油製品，都市ガスなどは二次エネルギーである．しかしながら，わが国においては一次エネルギーの40％を超えるエネルギーがまず電気エネルギーに変換されて使用されており（2005年エネルギー統計），感覚的に電気エネルギーは一次エネルギーのような扱いを受けているといってもよい．すなわち，電気エネルギーは事実上，社会に「存在する」エネルギーであり，「あって当然」と感じられている存在になっている．

　利用目的を持ち人為的に変換することを「エネルギー変換」と呼ぶ．雷や火山の噴火による野火などにみられるように，自然界においては常にエネルギーは変換されているが，これらは「エネルギー変換」にはあたらない．

　人類によるエネルギー変換の歴史は，さまざまな「もの」から熱と光への直接変換から始まったといえよう．すなわち火の利用である．

　エネルギー変換は人類が利用目的を持ってエネルギーを変換することゆえに，

① どれだけの量が変換されたか
② どれだけの量が「もの」のなかに含まれているか

③　どれだけ使いやすいか
④　どれだけ蓄えられるか

が重要である．これらはそれぞれ

①　変換効率
②　エネルギー密度
③　エネルギー品質
④　エネルギーの備蓄

といいかえることができる．

　電気エネルギーはこの大半の項目についても他の形態のエネルギーを凌駕するエネルギーである．

　①に関しては，電気エネルギーは高効率で他のエネルギー，たとえば機械，熱，光などに変換することができる．後述するとおり，機械エネルギーへの原理的な変換効率は 100 % である．

　②に関しては，電気エネルギーは電線を通して大量のエネルギーを送ることが可能である．わが国の基幹送電線は，直径数十 mm の電線で百万 kW 級のエネルギーを送り続けることができる．

　ここで，いかに送電線が高密度でエネルギーを送ることができるかを比較するために，川の流れの持つ運動エネルギーを仕事率に換算してみよう．わが国の河川のうち，年間平均で最大流量を有するのは信濃川であり，その流量は 500 m³/s（2005 年理科年表）程度，流速は河口付近で 1 m/s 程度である．したがって，信濃川が河口付近で有する仕事率は次式に示されるように，たかだか 250 kW にすぎない．

$$\frac{1}{2} \times \rho \times Q [\mathrm{m^3/s}] \times v^2 = \frac{1}{2} \times 10^3 \times 500 \times 1^2 = 250 [\mathrm{kW}]$$

ただし，ρ は水の密度，Q は流量，v は流速である．

　この式に従うと，百万 kW の仕事率のときの信濃川の流速は秒速 30 km となる．このようにみてくると，いかに送電線が高密度でエネルギーを送ることができるかを実感することができよう．

　③に関しては，電気エネルギーは送電線により大量のエネルギーを瞬時に送ることができるほか，瞬時にその流れをスイッチにより遮断することもまた可能である．先ほどの川の流れと比較するとその制御性のよさは明らかであろう．反面，その高品質さは諸刃の剣でもある．たとえば送電線網を考えると，

大量のエネルギーが高速で移動しているために,その流れの制御もまた高速で対応しなければならないことになるからである.

④に関してのみ,電気エネルギーは,エネルギーの実態が目に見えないこともさることながら,ほとんど備蓄のきかないエネルギーである,という欠点がある.電池による備蓄は 1000 Wh/kg 程度(2006 年現在)に過ぎず,可搬型の備蓄装置としては有効であるが,大量備蓄には未だほど遠い.水力発電の一種である揚水発電所が唯一の電力備蓄装置といえよう.備蓄がきかない,ということは使用される電気エネルギーをその瞬間に等量だけ発生させなければならない,ということである.多すぎても少なすぎてもいけないことを意味する.

電気エネルギーの得失について述べてきたが,備蓄できない電気エネルギーを大量に利用することができるのも高いエネルギー密度で高速に輸送できる高品質性があるからともいえよう.それゆえ,他のエネルギー形態で使用する場合でもそのエネルギー供給を考えるとまず電気エネルギーに変換することが有利,ということになる.

電気エネルギーの出現により,あらゆる産業,そして一般家庭において電気エネルギーの確保が最優先課題となり,近代社会は電力網の整備とともに始まったことは世界の歴史の教えるところである.換言すれば,エネルギー分野におけるユビキタス化が近代社会の証であり,先人たちはその実現に心血を注いだのである.同時にそれは,前述のとおり,高速大量輸送の瞬時制御を国の規模で行うことであり,電力系統の制御技術の発展がそれを支えた.われわれはその恩恵を享受している一方で,電気エネルギーの存在があたかも空気のごとくあたりまえのことと感じがちである.しかしながら,備蓄できない性質はかわらないのであり,エネルギーのユビキタス社会の維持は,安定供給のための制御システムの高度化に支えられていることを忘れてはならない.

1.3　エネルギー変換の歴史

人類の技術の歴史は,高効率,高エネルギー密度,高品質のエネルギーを求める歴史でもある.北京原人は数十万年前に料理に火を用いたといわれる.同時にあかりのための光エネルギーも得ている.「火をおこすことができる」というのは熱エネルギーを利用するために「もの」から熱へのエネルギー変換を

行ったことになる．

　人為的な変換の大事な点は，変換過程が制御されている，ということである．「必要なときに必要量だけを変換して使う」ことができるから「火の利用」なのである．人と動物の違いはこの点にある，といってもよい．エネルギー変換ができるのがヒトである．道具を使う動物はいても火をおこせる動物はいない．

　技術の歴史からいうと，次に起こったのはエネルギーの多様化であり，紀元前数千年に始まる機械エネルギーへの変換，すなわち家畜の利用がそれにあたる．餌（一次エネルギー）を家畜に与え，家畜の力（機械エネルギー）を農作業に利用する．これはエネルギーの高密度化と高品質化への一歩，といってもよいであろう．そして時代を下ると水車による水力の利用が始まる．

　しかしながらエネルギーの多様化は進んでも，その高密度化は遅々として進まず，エネルギーの利用は主として日常の食料生産とその消費にとどまっていた．

　18世紀末，エネルギー密度を桁で上昇させる画期的技術が世にでる．**ワットの蒸気機関**である．蒸気機関の発明者は1710年頃のニューコメンといわれるが，エネルギー変換においては効率が大事であり，1781年に回転運動を可能とした高効率の蒸気機関を実用に供したワットの業績はきわめて大きい．これが18世紀後半に，イギリスで世界最初の産業革命をおこしたのである．

　エネルギーの高密度化の革命に続いて起こるのが高品質化の革命，「電気エネルギーの利用」である．

　その扉を開いたのは19世紀の幕開けを待っていたかのように現れたボルタの電堆，すなわち「電池」である．それは静電気をためて刹那的に流す18世紀までの瞬間的な電流とは異なり，われわれ人類が，滾々とわき出る清水のごとく流れ出る電流を手にした最初である．電池の発明によって，いつでも好きなときに定常電流を取り出すことができるようになったのである．まさに電源の登場であり，これこそ今日の電気社会の礎を作った偉大な発明のひとつということができよう．ある意味ではファラデーの**電磁誘導**の法則の発見に勝るとも劣らない偉業であったと考える．

　事実，1800年の発明後，アンペールの法則，ビオ・サバールの法則，オームの法則など，次々に電気磁気現象が明らかになっていき，1831年のファラデーによる電磁誘導の法則にいたるわずか30年ほどの間に，ほぼその全容が

明らかになったのである．現象を数学的に整理し，法則としての完成度を高め，方程式群にまとめて一気に体系化したのは，いうまでもなくマックスウェルの仕事である（2.1 節参照）．

電気エネルギー，すなわち電力は上記①〜③のすべての点において，他のエネルギー形態を凌駕する優れた特性を持っていたため，急速に社会に浸透し，産業革命に続く**エネルギー革命**をおこしていく．電力は貯蔵が困難であり，そのために電力の発生と消費を同時に行わなければならない，という欠点があるにもかかわらず，クリーンエネルギー，他のエネルギーへの変換が高効率でかつ容易，高エネルギー密度かつ制御が容易などの利点があるため，まず電気エネルギーに変換する，ということが行われてきた．

このような背景のもと，産業革命以後，工業製品の生産，利用，運輸交通の発展などで，エネルギー消費が飛躍的に増加した．紀元から 1850 年までの年間利用エネルギー量を基準とすると 1850 年から 1950 年までの 100 年では 10 倍，次の 50 年（1950〜2000 年）で 100 倍に達しており，次の 25 年（2000〜2025 年）では 1000 倍に達するとの予想すらある．

1.4 電気エネルギーへの変換

種々の一次エネルギーから電気エネルギーへの変換を発電という．現状では，回転機としての発電機が主流であるが，回転エネルギーから電気エネルギーへの変換効率は理論上 100 % であるため，一次エネルギーから回転運動のエネルギーまでの変換過程によって全体の発電効率がほぼ定まる，といってよい．発電機には直流発電機と交流発電機が使用されるが，現状では交流発電機が基本である．

図 1.1 に一次エネルギーから電気エネルギーまでの変換の流れの例を示した．図 1.1 (a)，(b) は，化学あるいは光エネルギーからの直接変換で直流発電，図 1.1 (c) 〜 (f) はタービンと発電機による交流発電である．水力発電は，水のポテンシャルエネルギーから変換された運動エネルギーを用いており，火力発電は，ガスの燃焼エネルギー，および一次エネルギーの燃焼熱から変換された蒸気エネルギーを利用している．原子力発電は，核分裂反応生成熱から変換された蒸気エネルギーを利用している．

回転運動エネルギーを得るために図 (c)，(d) では水車，風車，図 (e)，

(f) ではタービンが用いられる．タービンの回転エネルギーはガス，蒸気，水など流体のエネルギーが変換されたものである．

　熱エネルギーを利用する火力発電や原子力発電は，蒸気エネルギーを利用するので高エネルギー密度化が容易であり，大容量化に向いている．一方で，熱機関をそのエネルギー変換過程に含むため，使用温度によって定まる効率（後述のカルノー効率）を決して超えることはできない，という宿命がある．そのため，現状の火力，および原子力発電所の総合効率は50％台にとどまる．

　熱過程を含まない水力発電は高い総合効率を実現できるが，水のポテンシャルエネルギーを利用するため，大容量化は難しい．

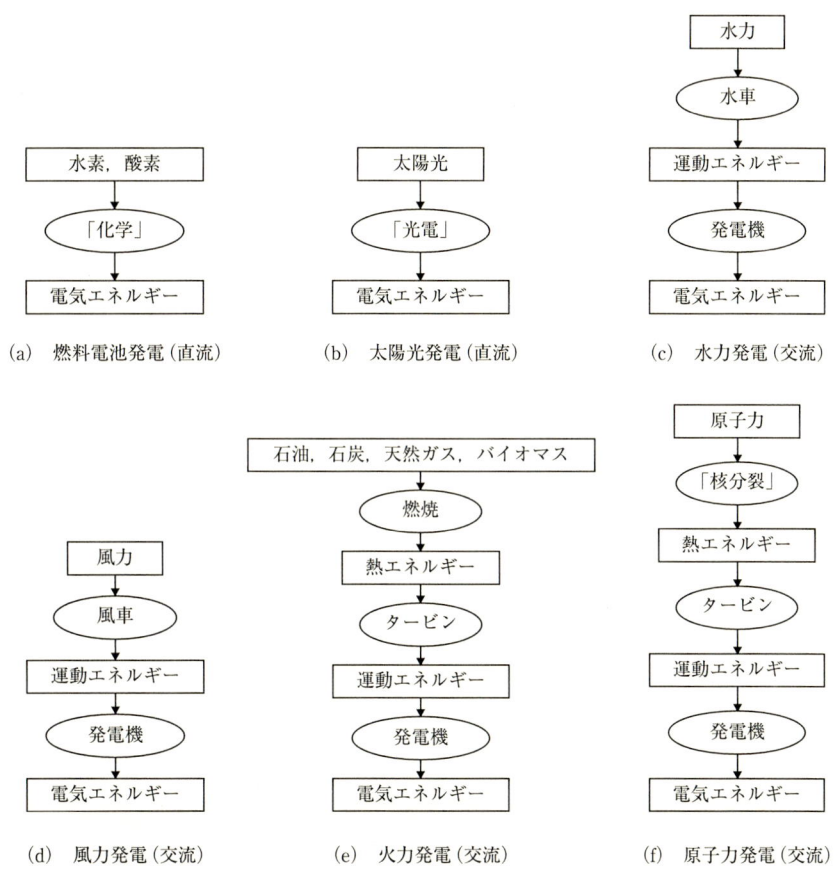

図1.1　発電における種々のエネルギー変換

回転運動エネルギーによらずに，すなわち発電機を使用せずに発電を行うものには太陽電池発電，燃料電池発電などがある．これらはいずれも直流発電である．

1.5 工学的エネルギー変換機器とセンサ

計測したい物理量を，計測しやすい他の物理量に変換する素子のことをセンサと呼ぶが，大半は電気量として変換される．厳密にはこれもエネルギー変換にはなるが，主目的はエネルギーではなく，信号量の伝送である．究極のセンサはエネルギーをとりださない信号伝送である．したがって電気量出力のセンサを考えた場合，その出力インピーダンスは無限大が望ましい．一方，工学的エネルギー変換は量としてのエネルギー変換であり，電流をとりだすエネルギー伝送でもある．そのため，変換効率の高さがより重視される．電気回路的には「発電機」の出力インピーダンスをいかに下げられるかが，工学的エネルギー変換機器としての性能指数となる．工学上の発電は発「電力」であり，センサは発「電圧」である，といってもよい．

1.6 熱力学三法則

熱力学は経験則の積み重ねであるが，物体AとBを接触させ等温になったとき，熱の移動は停止し，熱平衡に達した，という．そして，物体AとBが熱平衡であり，また，物体BとCが熱平衡であれば物体AとCもまた熱平衡にあることを前提とする．これを熱力学の第零法則ともいう．

熱力学には次の三法則が成り立つ．

a. **熱力学第一法則**
エネルギー保存則とも呼ばれ，熱エネルギーを含めて世界のエネルギーの総和は一定であることをいう．式で表せば，系の内部エネルギーの変化 δU は外界から系に入った熱 δQ と外界から系に対して行われた仕事 δW の和に等しい，というものである．

$$\delta U = \delta Q + \delta W$$

b. 熱力学第二法則

別名，**エントロピー増大則**とも呼ばれる．これは，エネルギー変換の際にエネルギーの一部が残る場合があり，この移りきれなかったエネルギーを持つ「もの」の形が熱であるため，変換を重ねるごとにこの「熱エネルギー」は増大し，移りゆくことができなかったエネルギーゆえにもとの形のエネルギーに可逆的には戻れない性質を持つ．世界のエネルギーの総量は一定であるなかで，変換を重ねるごとに非可逆的な熱エネルギーが増大していくこととなる．

この第二法則については以下のような，いろいろな表現がある．
① 熱が低温の物体から高温の物体へ自然に移動することはない．
② 温度の一様なひとつの物体からとった熱をすべて仕事に変換し，それ以外に何の変化も残さないことは不可能である．
③ 永久機関は存在しない．
④ 断熱系で状態変化が起こるとき，エントロピーは必ず増加する．可逆的な変化ではエントロピーの増加は 0 となる（エントロピー増大の原理）．

c. 熱力学第三法則

これは，絶対エントロピーの定義とも呼ばれ，絶対零度においてエントロピーはゼロとなる，というものである．

1.7 カルノー効率

簡単のために熱量をエネルギーの一形態とみなそう．高熱源の持つ全熱量を Q_1，絶対温度を T_1 とすると，$T_1 (\neq 0)$ なる温度を保つためには熱量 Q_1 を保たなければならない．もちろん温度は絶対温度で測られるものとする．この熱量 Q_1 をすべて仕事としてエネルギー変換ができれば原理的な変換効率は 100％ となる．しかしながら熱量を受け取るためには温度差が必要であるので，低熱源の温度を T_2 とすると，低熱源も温度 T_2 に見合う熱量 Q_2 を必要とする．その結果，温度差 T_1-T_2 に比例した熱量のみがエネルギー変換にまわることになる．

このように考えると温度差 T_1-T_2 に比例した熱量が 100％ エネルギー変換された場合が熱機関の理論的最大効率となることは明らかであろう．この理論的最大効率のことを**カルノー効率** η_C という．カルノー効率は次式で与えられ

る．

$$\eta_C = \frac{T_1 - T_2}{T_1} \times 100 \quad [\%]$$

例として，高熱源の温度が 800 ℃，低熱源の温度が 27 ℃の場合，カルノー効率 η_C は

$$\eta_C = \frac{T_1 - T_2}{T_1} \times 100 = \frac{(800+273)-(27+273)}{800+273} \times 100 = 72 \quad [\%]$$

となる．自然界に存在する一次エネルギーから電気エネルギーに変換する過程で，熱エネルギーを介在させるとこのカルノー効率の制限を受けることになる．火力発電，原子力発電はその例である．さらに，通常は電気エネルギーなど所望のエネルギー形態に変換するために多段の変換過程を要したり，エネルギー輸送に伴う損失などが存在するため，カルノー効率に比べてかなり低い変換効率しか実現しない．

　将来の発電方式としての核融合発電も熱エネルギーの利用であることに変わりはなく，事情は同様であろう．

2 電磁エネルギー変換の基礎

2.1 マックスウェルの方程式とその積分形

電磁現象を数学的に整理し，法則としての完成度を高め，次式の方程式群にまとめて一気に体系化したのは，いうまでもなくマックスウェル（Maxwell）の仕事である．それらは以下の4つの方程式群で表現され，これらの方程式のなかから電磁波の存在が予言され，実証されたことは周知のところである．

$$\mathrm{rot}\vec{H} = \vec{J} + \frac{\partial \vec{D}}{\partial t} \tag{2.1}$$

$$\mathrm{rot}\vec{E} = -\frac{\partial \vec{B}}{\partial t} \tag{2.2}$$

$$\mathrm{div}\vec{B} = 0 \tag{2.3}$$

$$\mathrm{div}\vec{D} = \rho \tag{2.4}$$

ここで $\vec{H}$ は磁界ベクトル，$\vec{E}$ は電界ベクトル，$\vec{J}$ は電流面密度ベクトル，ρ は電荷の体積密度である．$\vec{D}$ および $\vec{B}$ はそれぞれ次式で与えられる電束密度ベクトルおよび磁束密度ベクトルである．

$$\vec{D} = \varepsilon_0 \varepsilon_r \vec{E} \tag{2.5}$$

$$\vec{B} = \mu_0 \mu_r \vec{H} \tag{2.6}$$

ε_0 は真空の誘電率を表し，

$$\varepsilon_0 = 10^7/4\pi c_0^2 = 8.85 \times 10^{-12} \quad \text{F/m} \tag{2.7}$$

の値を持つ．μ_0 は真空の透磁率であり

$$\mu_0 = 4\pi \times 10^{-7} \quad \text{H/m} \tag{2.8}$$

の値を持つ．物質中の誘電率，透磁率が真空中の値に比べてどの程度大きいかを示す量として比誘電率，比透磁率を定め，それぞれ ε_r および μ_r で表す．こ

れらは無次元の量である．

(2.1)式中，右辺の電流密度 $\vec{J}$ は誘導された電界によって流れる電流ではなく，外部からの条件で定まる電流密度のことを指す．また，(2.1)式中のベクトル微分演算子 rot によるベクトル $\text{rot}\vec{H}$ は場所によって値の異なるベクトルである．(2.3)，(2.4)式中の $\text{div}\vec{A}$ はベクトル $\vec{A}$ の湧き出しあるいは吸い込みの程度を表すスカラー量であるが，水流にたとえれば，蛇口の大きさ，排水口の大きさを表す．

さて，電界は大きさと方向，向きを持つベクトルとして，通常 $\vec{E}$ で表される．そして電荷 q に作用するクーロン力に基づく力の場は

$$\vec{f} = q\vec{E} \quad [\text{N}] \tag{2.9}$$

である．したがって，電界の単位は N/C に等しいが，通常は後述の V/m に変換して表す．

マックスウェルの仕事において重要なもののひとつは，電流の空間面密度の単位 A/m^2 を持つ**変位電流**の導入である．変位電流は (2.1) 式において電束密度の時間による偏微分 $\partial \vec{D}/\partial t$ で表現され，磁界を誘導する項である．変位電流を無視すると，(2.1)式から明らかなように，$\text{rot}\vec{H} = \vec{J}$ となり，電束密度は磁界を誘導しない．このような場合は電界，磁界，あるいはまとめて電磁界などと表現され，電磁波と区別している．この領域では，たとえ電界が変動していてもそれによる磁界の誘導は無視できる．そのため，電界の存在する空間に電界のエネルギーを蓄積することはできるが，エネルギーの空間伝播はないと考えてよい．

同様に，磁界が存在する空間に磁気エネルギーを蓄えることはできるが，エネルギーの伝播はない．ただし，時間変動磁界であれば，電界を誘導しうる点が，電界の場合と異なる．$\text{rot}\vec{H}$ は空間座標に関する微分演算であり，時間変化については作用しない．いい換えれば，変位電流が無視できるとき，(2.1)式で与えられる磁界 $\vec{H}$ の時間変化は電流密度 $\vec{J}$ の時間変化そのままであるということができる．これを「電流密度と磁界の時間変化は同相である」という．

一方，(2.2)式によれば，磁束密度の時間変化 $\partial \vec{B}/\partial t$ は常に電界を誘導する．これはいわゆる電磁誘導の法則に結びつく．交流磁界による誘導起電力の発生に通じる式である．誘導起電力によって導電率に応じた誘導電流が流れる場合，これを渦電流と呼ぶことがある．渦電流が流れれば，その電流の周囲に

は磁界が生じることになる.

　これに対して，絶縁体，あるいは真空中のように電流が流れない空間の場合には，時間変化を伴う電界のみが誘導されることになるが，$\partial \vec{B}/\partial t$ は電界の時間変化が高速になればなるほど大きな値となる．電界 $\vec{E}$ に誘電率 ε を乗じた $\varepsilon \vec{E}$ は電束密度 $\vec{D}$ であるから，$\partial D/\partial t$ が大きな値となることを意味する．これを電流と見なしたのが変位電流であり，(2.1) 式中に現れている項である．すなわち，空間が絶縁体で占められており，通常の意味の電流が流れない場合であっても，高速の電界変化が存在すれば，「変位電流」という電流（正確には電流密度であるが）が空間に流れると考えて差し支えないのである．

　変位電流が十分な大きさを持ち，それが新たな磁界を誘導し，その時間変動でまた変位電流が誘導されるという状態が電磁波であり，この状態のとき，そのエネルギーは真空中であれば光速で伝播していくことになる．

2.2　エネルギーと電磁波伝播

　空気中では電界強度を高めると放電が生じるため，むやみに高くすることができない．環境条件にもよるが，おおよそ 10^3 kV/m 程度が限界といわれる．このときの電束密度は 8.85×10^{-6} C/m^2 となる．したがって空気中に蓄えうる電界エネルギーは

$$\frac{1}{2}ED = 4.5 \quad [\text{J/m}^3]$$

程度となる．

　ちなみに，このときの変位電流 $\partial D/\partial t$ の大きさを考えると 50 Hz の正弦波電界は 2.78 mA/m^2，500 kHz で 28 A/m^2 に対応する．

　これに対し磁界のエネルギーは $1/2(BH)$ で与えられるが，電界と異なり，空気中での「放電」に相当する現象は磁界の場合には存在しない．定常的に発生しうる最大磁界強度に近い 30T を想定すると 358 MJ/m^3，常電導電磁石の作る磁界強度付近の 1T で 398 kJ/m^3 となる．これと電界エネルギーの 4.5 J/m^3 と比較すると，磁界は電界に比べて桁違いに大きなエネルギーを空間に蓄積できることがわかる．

　電界，磁界の発生源から誘導される電界，磁界の空間分布に関しては，正弦的振動による電磁界の時間的変動を基本として考える．詳細については他書に

譲るが，正弦的振動以外の場合でも大半が種々の周波数を持つ正弦波振動の重ね合わせで記述できることが知られている．したがっていろいろな周波数の正弦波について考えることは任意の周期波形の振動について議論することと同等である．ひいては周期の伴わない場合でも数学的には周期関数による記述の延長としてとらえることができることが知られている．

　発生源から次々と空間内に電界，磁界が誘導される状態に関して，その変化の一区切りの長さを波長と呼ぶ．すなわち，振動の一周期に対応する距離が波長である．(2.1)式に示されるように，電界の振動（変位電流）によって誘導磁界が生じ，その誘導磁界の振動によって新たな誘導電界の振動が生じる，ということを繰り返し，電界→磁界→電界で波長を形成する．

　誘導電界，誘導磁界の大きさが十分で電界→磁界→電界→磁界→…と遠くまで続いていく場合は誘導されているものが「主体性」を持つといってもよい．これがいわゆる電波，あるいは電磁波と呼ばれる状態である．発生源の性質よりも誘導を繰り返す場，媒質の性質により依存した状態が電磁波である．電界からどの程度の大きさの磁界が誘導されるかは媒質の性質で定まるが，それは電界と磁界の大きさの比 E/H で表現される．媒質が真空の場合は次式

$$Z_0 = \frac{E}{H} = \sqrt{\frac{\mu_0}{\varepsilon_0}} = 120\pi = 377 \quad [\Omega] \qquad (2.10)$$

で与えられる．これはインピーダンスの次元 V/A と等価となり，特性インピーダンスと呼ばれている．

　時間的に変動している電界あるいは磁界が存在する場合，厳密にいえば必ずそれに伴う誘導界が生じるが，その空間分布は，数波長分を超えるまでは発生源の形状や性質の影響を受けているのがふつうである．これらの空間領域を近傍界，それよりも遠くの状態を遠方界と呼ぶことがある．(2.10)式は遠方界における性質である．

　エネルギーの伝播はよく知られた**ポインティングベクトル** $\vec{S}$ で表現されるが，これは，電磁波を受ける面に対する単位時間あたりのエネルギーの面密度の単位を持つことに注意したい．

$$\vec{S} = \vec{E} \times \vec{H} \quad [\text{W/m}^2] \qquad (2.11)$$

　遠方界である電磁波と異なり，近傍界である電界や磁界の空間分布は，発生源の空間的構造の影響を受けているといえる．すなわち，電線がどのように張られ，電極がどんな形をして配置されているのかなど，電界，磁界の空間分布

は発生源の形に強く依存している．そのような領域における電磁界の空間分布は複雑な様相を示す．この場合でも (2.11) 式によってポインティングベクトル $\vec{S}$ を定義することはできる．たとえば，磁界は送電線や配電線の導線の内，外部ともに存在するが，電界は導線内部にはほとんど存在せず，導線の外部に存在することから，ポインティングベクトルが表す電磁エネルギーは，導線周囲の空間を導線に沿って光速で伝送されることがわかる．

そして，電力を消費する負荷の部分に電界は生じ，ポインティングベクトルは負荷に吸収される向きを持ち，電磁エネルギーが消費されると解釈される．

図 2.1 は，電気回路における電磁界とポインティングベクトルとの関係を概念的に示したものである．図中 $\boxed{A}$ は電気回路の電源から負荷までの距離が波長に比べて十分に短い場合であり，$\boxed{B}$ は電源から負荷までの距離が波長と同程度となる（ただし，図中の垂直方向には波長に比べて十分短いものとする）場合である．また，変位電流 $\vec{J}_{DIS}$ は空間分布電流であるが，伝導電流 $\vec{J}_{COND}$ と同等の性質であるとの立場から，同様の矢印で表現した．

$\boxed{A}$ の場合は電源から負荷まで電線中を等量の伝導電流が流れており，磁界は伝導電流によって生じている．電界は回路間の空間に存在しており，ポインティングベクトルは均一で，電線に沿った空間を負荷に向かう．

$\boxed{B}$ の場合は，近傍界において波長が問題になる場合に相当する．たとえば，電線の長さが波長の 1/2 となる場合を考え，ある瞬間において電源部位で電圧が最大となっているとしよう．このとき半波長だけ離れた他端では，電圧は反対向きに最大となっていることになる．したがって電線に沿って電位分布が存在し，電線の途中で電流が流れている．この電流には電線間のコンダクタンス

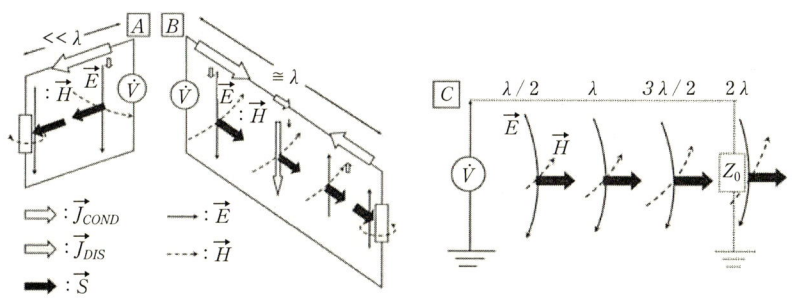

図 2.1 電気回路とポインティングベクトルとの関係

やキャパシタンスを流れる電流と電界変化に基づく変位電流とが考えられる．換言すれば他端を開放に保ったままでも電流が流れるということである．

　これは波長が電線の長さと同程度にならなければ見えてこない．これが分布定数線路の性質である．磁界は伝導電流および変位電流の周囲にできる．その向きは回路面を貫く向きである．そのため，ポインティングベクトルは$\boxed{A}$同様電線に沿って空間を負荷に向かう．ただし，その大きさは負荷に到達するまでに減少していく．

　$\boxed{C}$の場合は回路導線がなく，空間に変位電流のみ（すなわち交流電界のみ）が流れる場合である．これはまさに$\boxed{A}$の場合に相当する．電界変化によって磁界がゼロからしだいに大きくなっていく様子を示した．真空の特性インピーダンスはいわば図中に等価的な回路を考えたときの負荷インピーダンスに相当する，と考えるとわかりやすい．

2.3　マックスウェルの方程式と磁気回路方程式

　目に見える大きさの電磁気現象は，極論すれば古典論の範囲であり，マックスウェルの方程式群で記述される．しかしながらこの方程式群は微分形の記述であり，専門家以外にとっては直感的な理解を得にくい形となっている．

　微分形のマックスウェル方程式というのは微視的な視点に立つ記述であり，任意の空間点およびその近傍の空間に対しての電界，磁界の時間的推移を示している式である．したがっていかなる場所においても成り立つきわめて一般性の高いものであるが，反面，空間全体のおおよその様子がつかみにくいともいえる．これに対し，われわれは巨視的に物事を見ている．電磁気学の専門家以外の者にとっては，マックスウェルの方程式そのものよりも，ある積分領域において積分することによって得られる積分形の表現のほうが直感的で理解しやすいのではないだろうか．

　数学的な表現では，電界，磁界ともに，大きさと方向，向きを持ったベクトルであるため，三次元空間ベクトル相互の関係をその時間的推移とともに表現しなければならず，複雑となることは否めない．また，空間における積分を実行する場合には必ず積分領域の設定が必要なため，一般論での議論がしにくい面もある．しかしながら，逆に考えれば具体的な現象に対しては，積分領域は自然と設定される場合も多く，積分された結果からの理解も容易となることも

多々あるのである。以下,具体例とともに示す.

a. ファラデーの電磁誘導則

図2.2に示すようにN回巻きのコイルが空間的に固定され,電流iが流れている場合を考える.

N回巻きのコイルのうちの1回巻きに沿った閉曲線(これをCと名付ける)を考え,これを境界とする曲面をSとする.境界Cが一

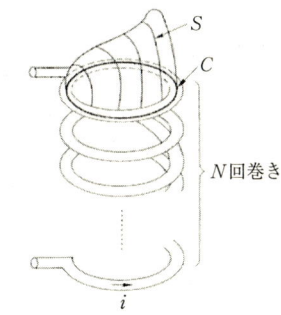

図2.2 電磁誘導則を導く積分領域

定であれば曲面Sはどのような形をとってもかまわない.このような曲面Sに対してマックスウェルの方程式のひとつである(2.2)式の左辺を面積分すると,**ストークスの定理**によってその値は境界Cに沿っての線積分値に等しくなることが知られている.

すなわち,

$$\int_S (\mathrm{rot}\vec{E}) \cdot d\vec{S} = \oint_C \vec{E} \cdot d\vec{l} \tag{2.12}$$

(2.12)式において曲面Sは境界Cが共通であればどのような曲面であってもかまわないことに注意する必要がある.すなわち,境界Cを共通に持つ曲面SおよびS'における$\mathrm{rot}\vec{E}$の面積分値は等しくなるのである.

$$\int_S (\mathrm{rot}\vec{E}) \cdot d\vec{S} = \int_{S'} (\mathrm{rot}\vec{E}) \cdot d\vec{S} \tag{2.13}$$

ここで,(2.13)式の両辺にある$\mathrm{rot}\vec{E}$の値は,それぞれの曲面上の値であることに注意しよう.(2.13)式に(2.2)式を代入すれば

$$\int_S \frac{\partial \vec{B}}{\partial t} d\vec{S} = \int_{S'} \frac{\partial \vec{B}}{\partial t} d\vec{S} \tag{2.14}$$

となる.曲面S,S'およびその境界Cの形が時間的に変動しないとすれば,微分演算を積分の外に出すことができ,そののち時間で積分することにより,

$$\int_S \vec{B} \cdot d\vec{S} = \int_{S'} \vec{B} \cdot d\vec{S} + \mathrm{const.} \tag{2.15}$$

が得られる.ここで積分定数のconst.をゼロとしてよいことは(2.3)式の体積分から容易に導けるので,この値をϕとおき,磁束と定義する.すなわち,

$$\int_S B \cdot dS = \int_{S'} B \cdot dS = \phi \tag{2.16}$$

(2.16) 式から明らかなように ϕ はベクトル量ではなくスカラー量である．「磁束 ϕ の向き」という表現があるが，これはベクトルの向きというよりは電流に対してその流れる向きによって符号をつけるのと同様の意味である．

(2.16) 式に立ち返ると，磁束 ϕ の値は境界 C を共通に持つ曲面に対し等しい値を持つことになる．換言すれば境界 C が決まれば求まる量であるということができる．「境界 C （1 回巻きのコイル）を鎖交する磁束 ϕ」という表現はこの意味である．

さて，(2.2) 式左辺の面積分の値は (2.12) 式で与えられている．一方，(2.2) 式の右辺の面積分は (2.16) 式の関係を用いて

$$\int_S \left(-\frac{\partial \vec{B}}{\partial t}\right) dS = -\frac{d}{dt}\int_S B \cdot dS = -\frac{d}{dt}\phi \tag{2.17}$$

と書き直せる．曲面 S は空間に固定された面であるので時間による微分を積分の外に出せる．

(2.12) 式，(2.17) 式はそれぞれ (2.2) 式の面積分の左辺，右辺であるからこれを等値して次式が得られる．

$$\oint_C \vec{E} \cdot d\vec{l} = -\frac{d\phi}{dt} \tag{2.18}$$

(2.18) 式の左辺は境界 C に沿った電界成分の線積分値であるから電位差 e を表す．これを起電力という．したがって，

$$\oint_C \vec{E} \cdot d\vec{l} = e = -\frac{d\phi}{dt} \tag{2.19}$$

これは「1 回巻きのコイルに鎖交する磁束の時間変化を妨げる向きに電圧が発生する」というファラデーの電磁誘導の法則そのものである．電位差 e もまたスカラー量である．

また，境界 C に沿った線積分，ということからもわかるように，境界 C が時間に対して変化する場合，たとえば，図 2.3 (a) のように，導体棒が平行電極と接しながら等速度 v で移動する場合，

「t 秒間の面積 S は $S(t)=vt$ なので，磁束 $\phi(t)=lS(t)B=lvBt$，したがって，(2.19) 式から $e=-d\phi/dt=-vBl$」

と説明するときは注意が必要である．たとえば，$e=-d\phi/dt$ にとらわれていると，図 2.3 (b) の場合は「鎖交磁束は存在せず電圧は生じない」という結論を導きかねない．

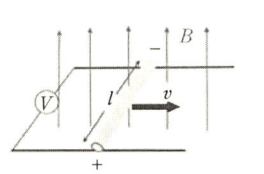 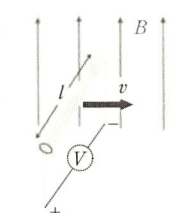

(a) 円柱導体が電極線（レール）上をすべっていくと誘起電圧は？
(b) 円柱導体と電圧が一緒に移動すると（ただしぶらさがって）誘導電圧は？

図 2.3 導体棒が電極線（レール）上をすべる場合 (a)，電圧計をつり下げた導体棒が移動する場合 (b)

図 2.3 (a), (b) のいずれの場合も，速度と磁束密度のいずれにも直交する方向，すなわち導体の長さ方向に

$$\vec{E}=\vec{v}\times\vec{B}$$

の電界が生じ，その線積分値

$$\oint_C \vec{E}\cdot d\vec{l}=vBl$$

として導体棒の両端には電圧が生じている．

図 2.3 (b) の配置の導体棒を多数並べると図 2.4 (a) のように金属板，あるいはプラズマを移動させても起電力は発生する．金属板を用いた場合の発電機の原理的な構造を図 2.4 (b) に示し，プラズマを用いた場合の原理的な構造を図 2.4 (c) に示す．これは MHD（magneto-hydro-dynamic）直流発電の原理である．導体が通過する間，磁界の向きは一定であり，**単極機**という．

図 2.4 (b) に示すような単極機構造とは異なり，図 2.5 に示すように，磁

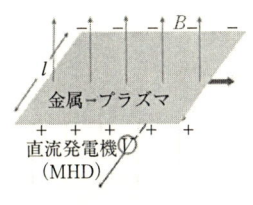 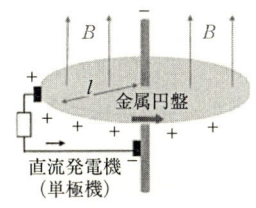 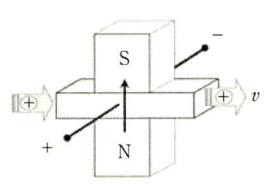

(a) 金属板が移動する場合　(b) 単極発電機　(c) MHD 発電機

図 2.4

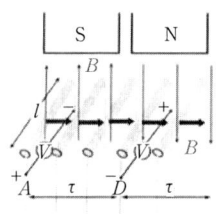 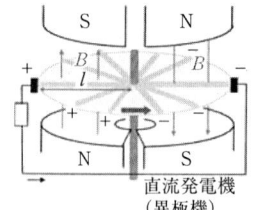 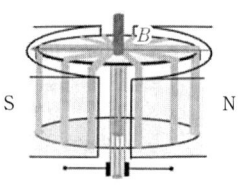

図2.5 空間交番磁界とコイル　　図2.6 直流発電機（異極機原理）　　図2.7 回転型異極機（原理）

界ベクトルの向きを間隔 τ ごとに反転させるような構造とすると，間隔 τ の位置にある導体棒 A と導体棒 D にはそれぞれ逆向きの起電力 V が発生することになる．そこで，導体棒 A と D を直列に接続して電圧計に接続すれば，電圧計は $2V$ の電圧を計測できることになる．この構造を単極機構造と似た回転型で表すと図2.6のようになるが，さらに効率的な構造としたものが図2.7である．これら導体間の接続の切り替えを機械的な構造で行っているのが回転型の直流機における整流子とブラシである．詳細については直流機の項で学ぶ．

図2.4のような N 回巻きのコイルの場合は，1回巻きのコイルが N 個直列接続され，すべての磁束が1回巻きコイル N 個と鎖交すると考えれば，誘起される電圧 e は

$$e = -N\frac{d\phi}{dt} \tag{2.20}$$

となることが容易に理解される．コイルの巻数 N と磁束 ϕ の積 $N\phi$ を「鎖交磁束」と呼び，Φ で表すことにする．これはコイルに誘起する電圧は磁束 ϕ ではなく，$N\phi$ に直接比例するためである．電気回路にとっては磁束よりも鎖交磁束のほうが直接，電圧や電流に結びつく量なのである．事実，鎖交磁束と電流の比例係数はインダクタンス L と呼ばれている量である．

$$\Phi = N\phi = Li \tag{2.21}$$

図2.5のような場合，磁束 ϕ は位置 x の関数となることは明らかである．さらに，交流電磁石を想定すれば磁束は時間の関数ともなる．すなわち，より一般的な場合，$\phi = \phi(x,t)$ の2変数関数とみなせる．このとき，

$$d\phi = \frac{\partial \phi}{\partial x}dx + \frac{\partial \phi}{\partial t}dt$$

なので

$$e = -N\frac{d\phi}{dt} = -N\frac{\partial \phi}{\partial t} - N\frac{\partial \phi}{\partial x}\frac{dx}{dt} \tag{2.22}$$

と表すことができる．上式の第1項は磁束の時間変化のみがある場合に生じる電圧であり，**変圧器起電力**という．第2項は磁束に空間分布があり，コイルとの相対速度がある場合に生じる電圧であり，**速度起電力**という．

b. 磁気回路方程式

図2.8に示されるように，今度は1回巻きコイルと鎖交する閉曲線の積分路をCとし，それを境界として持つ曲面Sを考えよう．

マックスウェル方程式の一つ (2.1) 式をこの曲面S上で面積分すると (2.23) 式が得られる．

$$\int_S \mathrm{rot}\vec{H}\cdot d\vec{S} = \int_S \vec{J}\cdot d\vec{S} \tag{2.23}$$

ただし，変位電流は無視できるものとする．

上式の左辺は図2.8に示す境界C上の線積分

$$\int_S \mathrm{rot}\vec{H}\cdot d\vec{S} = \oint_C \vec{H}\cdot d\vec{l}$$

に等しくなる（ストークスの定理）ので，結局，(2.1) 式の積分形 (2.23) 式は

$$\oint_C \vec{H}\cdot d\vec{l} = \int_S \vec{J}\cdot d\vec{S} \tag{2.24}$$

となる．(2.24) 式の右辺は積分路Cを貫く総電流を表している．もし電流iが積分路を貫くN本の電線のなかを流れるとすれば，(2.24) 式は次式のように変形できる．

$$\oint_C \vec{H}\cdot d\vec{l} = \int_S \vec{J}\cdot d\vec{S} = Ni \tag{2.25}$$

(2.19) 式と比較して，この量を**起磁力**と呼ぶ．

さて，(2.25) 式をもう少し考察してみよう．図2.8においてコイルに沿った閉曲線路をC_S，C_Sを境界とする任意の曲面をS'，およびC_Sを境界とする平面をS_Cとする．また，先に考えている線路C上の位置を線路Cに沿った座標lで表すこととする．

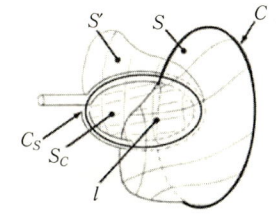

図2.8 電流と磁界の関係を求める積分領域

(2.25) 式において $\vec{B}=\mu\vec{H}$ を用いると

$$Ni=\oint_C \vec{H}\cdot d\vec{l}=\oint_C \frac{\vec{B}}{\mu}\cdot d\vec{l}$$

ここで，磁束密度 $\vec{B}$ に対して図2.8で設定した2つの領域 S' および S_C において面積分を行うと，

$$\int_{S'}\vec{B}\cdot d\vec{S}=\int_{S_C}\vec{B}\cdot d\vec{S}=\phi$$

が成り立つことはすでに述べたとおりである．また，平面 S_C 上で磁束密度が場所によって変化している場合でもその平均値 B_{av} を用いれば

$$\int_{S'}\vec{B}\cdot d\vec{S}=\int_{S_C}\vec{B}\cdot d\vec{S}=\phi=B_{av}S_C \tag{2.26}$$

と表すことができる．

さらに，線路 C_S を貫くすべての磁力線が作る「立体」を想像すると，線路 C は当然そのなかに含まれる．線路 C の任意の位置 l において次式が成り立つことは容易に理解できよう．

$$\phi=B_{av}(l)\cdot S_C(l)：一定値$$

すなわち，$B_{av}(l)$ および $S_C(l)$ は位置 l の関数となるが　磁束 ϕ は l によらない，ということである．そこで，大きさ $B_{av}(l)$ を持ち，線路 C に沿ったベクトル $\vec{B}_{av}(l)$ を用いることにより，$\vec{B}(l)=\vec{B}_{av}(l)$ と置き換え，

$$\oint_C \frac{\vec{B}}{\mu}\cdot d\vec{l}=\oint_C \frac{\vec{B}_{av}(l)\cdot d\vec{l}}{\mu}=\oint_C \frac{B_{av}(l)}{\mu}dl=\oint_C \frac{\phi}{\mu S_C(l)}dl \tag{2.27}$$

とすれば，(2.25) 式を

$$Ni=\oint_C \frac{\phi}{\mu S_C(l)}dl=\oint_C \frac{dl}{\mu S_C(l)}\times \phi \tag{2.28}$$

と書くことができる．

ここで，

$$\Re\equiv\oint_C \frac{dl}{\mu S_C(l)} \tag{2.29}$$

とおけば (2.28) 式は

$$Ni=\Re\phi \tag{2.30}$$

と書ける．$\Re$ は磁気抵抗，あるいは**磁気リラクタンス**と呼ばれる量であり，(2.30) 式を**磁気回路方程式**という．

磁気リラクタンスは (2.29) 式から明らかなように，コイルに鎖交する磁力

線の作る立体について成り立つものであり,磁束密度 $\vec{B}(l)$ を線路 C に沿った空間平均ベクトル $\vec{B}_{av}(l)$ として置き換えることで導かれている.

電磁石や電気機器においては磁束を発生させるために強磁性体による磁心(コア)が使用されることが多く,このとき,磁力線の作る立体はコア形状で近似的に扱える場合が多い.

このように,電磁気現象については,マックスウェルの方程式を解けば,電界,磁界の空間分布,時間的変化を求めることはできる.しかしながら,コイルに誘起する電圧や電磁石などが作る電磁界の空間分布に関しては,コイルや,磁石の形を彷彿とさせるものとなることが予想される.電気機器に用いられる材料の導電率や透磁率が真空に比べて桁違いに大きいことによる.

これは微分形のマックスウェルの方程式を解く以前に解の形,すなわちコイル形状の指定で実は結果が見えていることに他ならない.すなわち,コイル形状によって積分路が自然に指定されたことになり,その積分を実行することによって(実際にはストークスの定理を適用し,式を変形するだけですむ),電界の空間分布の様子が決まり,その結果コイル端子に電圧が発生していることがわかる.この積分された形での表現が,磁気回路方程式および鎖交磁束の時間変化による電圧の誘起式である.

したがって,微分形のマックスウェルの方程式は,誘起起電力を与える(2.20)式および磁気回路方程式 (2.30) 式とそれぞれ同等の式であることがわかる.

$$\mathrm{rot}\,\vec{H} = \vec{J} + \frac{\partial \vec{D}}{\partial t} \quad :磁気回路方程式 \quad Ni = \Re \phi \quad \Re = \oint_c \frac{dl}{\mu S_c(l)}$$

$$\mathrm{rot}\,\vec{E} = -\frac{\partial \vec{B}}{\partial t} \quad :電磁誘導則 \quad e = -N\frac{\partial \phi}{\partial t}$$

例として図 2.9 に示すように,高透磁率 μ の強磁性材料からなり断面積 S_c が一定の環状磁心に巻線 N を施し,電流 i を流した場合を考えよう.

図のような閉曲線 C を考え,その長さを l_0 とすれば磁気リラクタンスは (2.29) 式から

$$\Re \equiv \oint_c \frac{dl}{\mu S_c(l)} = \frac{1}{\mu S_c} \oint_c dl = \frac{l_0}{\mu S_c} \quad (2.31)$$

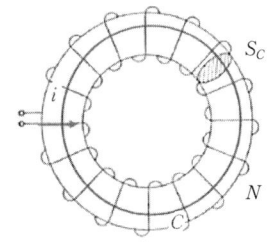

図 2.9 高透磁率 μ の環状磁心

したがって，磁束 ϕ および磁束密度 B は

$$\phi = \frac{Ni}{\Re} = \frac{\mu S_C Ni}{l_0} \tag{2.32}$$

$$B = \frac{\phi}{S_C} = \frac{\mu S_C Ni}{l_0} \tag{2.33}$$

と求めることができる．

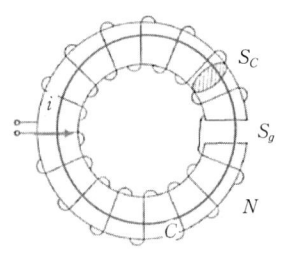

図 2.10 空隙つき磁心

また，図 2.10 のように一部に空隙を持つ磁心の場合には空隙部の磁力線の作る立体を近似することで磁気回路方程式を適用することができる．

たとえば，空隙部の長さを x，磁心部の長さを l，断面積を S_g，磁心部の断面積を S_C とすれば，このときの磁気リラクタンス $\Re$ は

$$\Re = \frac{l}{\mu S_C} + \frac{x}{\mu_0 S_g} \tag{2.34}$$

となり，空隙部の磁束密度は

$$B = \frac{\phi}{S_g} = \frac{Ni}{S_g \Re} = \frac{Ni}{S_g \left(\dfrac{l}{\mu S_C} + \dfrac{x}{\mu_0 S_g}\right)} \tag{2.35}$$

と求められる．

2.4 電源電圧と磁気回路方程式

さて，図 2.9 あるいは図 2.10 においてコイルに電流 i が流れているとして求めたが，磁気回路方程式はマックスウェルの方程式の積分形であり，時間変化も本来記述している．すなわち，コイルに流れる電流 i は時間変化を含んでいる．換言すれば磁気回路方程式（2.30）式は，瞬時値に対して成り立つ式であり，磁気リラクタンス $\Re$ が一定であれば，磁束と電流は同相となることを表している．

図 2.9 に示した磁心の場合，コイルに電圧源 v をつないだ場合を考えよう．電磁誘導則から

$$e = -N\frac{d\phi}{dt}$$

が成り立ち，同時にキルヒホッフの法則

$$v + e = 0$$

2.4 電源電圧と磁気回路方程式

を考慮すると

$$v = -e = N\frac{d\phi}{dt}$$

が成り立っていることになる．

一般に電圧源は既知である．たとえば，実効値 V の正弦波交流であれば，

$$v = \sqrt{2}\,V\sin\omega t \tag{2.36}$$

と記述される．

したがって，

$$v = -e = N\frac{d\phi}{dt} = \sqrt{2}\,V\sin\omega t \tag{2.37}$$

となり，磁束 ϕ の時間変化は次式

$$\phi = \int \frac{\sqrt{2}\,V}{N}\sin\omega t\,dt = -\frac{\sqrt{2}\,V}{\omega N}\cos\omega t \tag{2.38}$$

で決まってしまうことになり，交流電圧源 v をつないだときには磁束の時間変化は既知となる．磁束の最大値を ϕ_m，巻線の巻かれている磁心断面積を S，磁束密度最大値を B_m とすれば（2.38）式から

$$\phi_m = SB_m = \frac{\sqrt{2}\,V}{\omega N} \tag{2.39}$$

すなわち

$$V = \frac{\omega NSB_m}{\sqrt{2}} = \sqrt{2}\,\pi f NSB_m = 4.44 f NSB_m \tag{2.40}$$

となる．この式は，電圧駆動の電気機械において，電源電圧実効値と磁束の最大値との関係を与える重要な式である．（2.35）式で定まるように磁束 ϕ が時間変化する結果，電流 i の時間変化が（2.41）式のように決まる，という関係となるのである．

$$i = \frac{\mathfrak{R}}{N}\phi = -\frac{\sqrt{2}\,V\mathfrak{R}}{\omega N^2}\cos\omega t \tag{2.41}$$

なお，（2.41）式で与えられる電流は電気機器において磁束を作るために流れてしまう電流のことを指し，「**励磁電流**」と呼ばれる．使用する磁性材料の特性に依存して定まる量である．後述する負荷電流とは異なるものである．

次に，図 2.11 において，磁力線の作る立体が磁心部と一致しない場合についての考察をすすめ

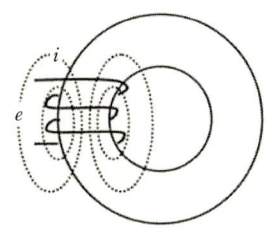

図 2.11 磁心を通らない磁束

ておこう．それは同図において磁心部を通らない磁束（図中の波線）が存在する場合を想定すればよい．このような場合において磁気回路方程式を拡張することを考える．磁心部を通る磁束を ϕ_c, 破線で示される磁束を ϕ_l とする．ただし，どちらの磁束も巻線 N とは鎖交するものとする．

起磁力 Ni は変わらないので，磁気回路方程式において，磁束 ϕ を $\phi_c+\phi_l$ に置き換えた次式

$$Ni=\Re(\phi_c+\phi_l)$$

が成り立っているはずである．また，これらを鎖交磁束 $\Phi=N\phi$ で表現すれば

$$N^2i=\Re(\Phi_c+\Phi_l)$$

となる．さらに $\Phi=Li$ なる関係を用いると

$$N^2i=\Re(L_c i+L_l i)$$

すなわち，

$$\frac{N^2}{\Re}=L_c+L_l \qquad (2.42)$$

が成り立つことになる．ただし，$\Phi_c=L_c i$, $\Phi_l=L_l i$ とした．

また，誘起起電力の式からは

$$e=-N\frac{d\phi}{dt}=-N\frac{d(\phi_c+\phi_l)}{dt}=-\frac{d\Phi_c}{dt}-\frac{d\Phi_l}{dt}=-\frac{dL_c i}{dt}-\frac{dL_l i}{dt}\equiv e_c+e_l \quad (2.43)$$

ただし，$e_c=-\dfrac{dL_c i}{dt}$, $e_l=-\dfrac{dL_l i}{dt}$ であるが，L_c, L_l が一定のときは

$$e_c=-L_c\frac{di}{dt}, \qquad e_l=L_l\frac{di}{dt}$$

となる．

(2.42), (2.43) 式をみると，磁束 ϕ_l の存在は誘起起電力の和，すなわち電

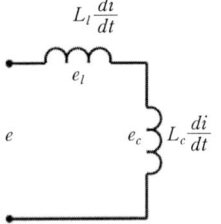

図 2.12 磁心部を通らない磁束 ϕ_l が存在するときの等価電気回路

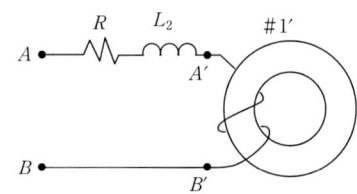

図 2.13 漏れ磁束と抵抗のある磁心

気回路としてみた場合に直列接続された 2 つのインダクタンス L_c, L_l として表現されることがわかる．図 2.12 にこのことを示した．

ここで，巻線の電気抵抗を R とすれば，図 2.12 の磁心に対して図 2.13 の回路が対応することになる．図 2.13 中における磁心 #1′ は巻線抵抗および**漏れ磁束**がなく，磁心損失のみ含む磁心となる．

これまでの議論はいわば近傍界における電界，磁界の話であり，電磁界の波長が，対象となる空間の寸法に対して短くなる場合には微分型のマックスウェルの方程式を用いて計算をしなければならないことはいうまでもない．

演 習 問 題

1. 図に示すように xy 面内におかれた矩形コイル（巻数 N）に対して，z 成分のみ有する磁束密度 $\vec{B}=(0,0,B_z)$ が印加されている場合を考える．磁束密度の空間分布およびその時間変化が次の（ア），（イ）でそれぞれ与えられるとき，以下の問いに答えよ．

    (ア) $B_z = B_m \sin\left(\dfrac{\pi}{W}x\right)$

    (イ) $B_z = B_m \cos \omega t \, \sin\left(\dfrac{\pi}{W}x\right)$

    (1) コイルの左端が $x=a$ に位置し，コイルが静止している場合の鎖交磁束 Φ
    (2) コイルの左端が $x=a$ に位置し，コイルが静止している場合のコイル誘起電圧
    (3) コイルが等速度 $\vec{v}=(v,0,0)$ で移動するときのコイル誘起電圧．ただし，時刻 $t=0$ で $x=a$ とする．

2. 透磁率 μ の磁性体からなる図のような三脚磁心がある．左右脚（A）の磁路長を l_A，磁路断面積を S_A，中央脚（B）の磁路長を l_B，磁路断面積を S_B とする．左右脚にそれぞれ巻線 N_1, N_2 を施したとき，以下の問いに答えよ．

    (1) 巻線 N_2 は開放とし，巻線 N_1 に電流 i_1 を流したとき，右脚（A）に生じる磁束
    (2) 巻線 N_1 からみたときのインダクタン

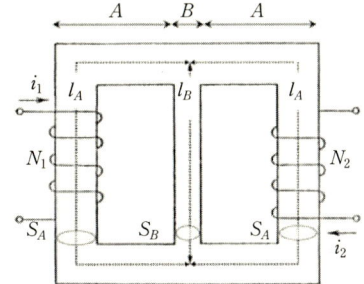

ス
(3) 巻線 N_1 に電流 i_1, 巻線 N_2 に電流 i_2 をそれぞれ流したとき, 右脚 (A) に生じる磁束

3 磁気エネルギーと エネルギー変換

3.1 磁気エネルギーと磁気随伴エネルギー

a. 磁気エネルギー

図 3.1 に示すような可動磁極を持つ電磁石を考え，その磁路長 $l+x$，磁路の断面積は空隙部で S_g，磁心部で S_c，磁心透磁率 μ，真空透磁率 μ_0 とする．

磁気回路方程式は

$$Ni = \Re \phi \quad (3.1)$$

ただし，

$$\Re = \Re(x) = \frac{l}{\mu S_c} + \frac{x}{\mu_0 S_g} \quad (3.2)$$

と表される．(3.2) 式で，第 1 項は磁心のリラクタンス，第 2 項は空隙のリラクタンスである．(3.1) 式を $\phi = Ni/\Re$ として関係の概略をグラフで表したのが図 3.2 である．

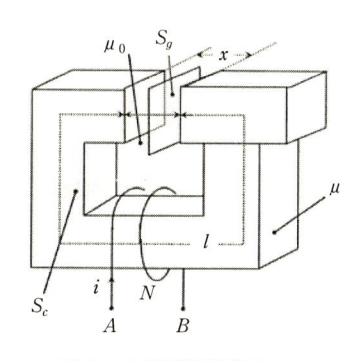

図 3.1 可動磁極電磁石

図 3.2 において横軸は巻線電流に基づく起磁力 Ni を表し，巻線電流は磁心内部に生じさせる磁界 H[A/m] に対応する．一方，縦軸の磁束 ϕ は磁束密度 $B(=\phi/S)$ [Wb/m^2] に対応する．したがって図 3.2 は系の B-H 曲線を反映しているともいえる．これは磁心に用いられる磁性材料の磁気特性（B-H 曲線）に強く依存する．図 3.2 (a) はそのような場合であり，わずかな起磁力で磁束が生じ，やがて飽和する傾向が表されている．これは材料として強磁性体を使用した場合などに相当するが，ここではヒステリシスを無視している（第 4 章参照）．このとき，磁気リラクタンス $\Re$ は一定ではなく，起磁力 Ni の関数となっている．このような場合，「系は非

(a) 非線形系   (b) 線形系

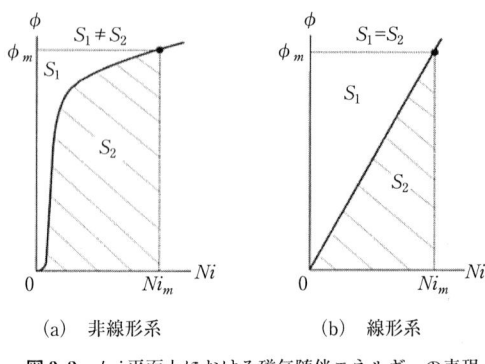

図 3.2 ϕ-i 平面上における磁気随伴エネルギーの表現

線形である」という．一方，図 3.2 (b) の場合には，磁気リラクタンス $\Re$ は一定となることは明らかで，このような場合には「系は線形である」という．磁性体の透磁率が一定である場合や空心の場合などがこれに相当する．

ここで，可動磁極を空隙 x に固定し機械的仕事を発生させない状態に保ったまま，電流 i を $i=0$ から $i=i_m$ まで変化させて電磁石を励磁することを考える．それに伴い磁束 ϕ は $\phi=0$ から $\phi=\phi_m$ まで変化したとする．

電磁石電流 i，端子 AB 間の電圧が v であるとき，dt 秒間に電源から電磁石に流入する電気エネルギーを dW_E とすると

$$dW_E = vidt \tag{3.3}$$

となるが，印加電圧 v と誘起電圧が平衡するために

$$v = N\frac{d\phi}{dt} \tag{3.4}$$

が成り立つ．すなわち

$$vdt = Nd\phi \tag{3.5}$$

が成り立つことになり，これを (3.3) 式に代入し，(3.1) 式を参照すれば，流入する電気エネルギーは

$$dW_E = ivdt = iNd\phi = \Re\phi d\phi \tag{3.6}$$

と表せる．したがって，磁束が $\phi=0$ から $\phi=\phi_m$ に増加する間に電磁石に流入する電気エネルギー W_E は

$$W_E = \int_0^\phi \Re\phi d\phi \quad [\mathrm{J}] \tag{3.7}$$

と表せることになる．これは図3.2に示すように横軸に起磁力Ni，縦軸に磁束ϕをとった二次元座標における面積S_1に相当する．

W_Eは電磁石を励磁して電流が$0 \to i_m$となるあいだに流入した電気エネルギーであるが，機械的仕事は発生しないような場合を考えており，他にエネルギーを消費する要因がないことを考慮すると，それはすべて電磁石系に蓄積されていると考えるべきである．系には最終的に磁束ϕが発生しているので，この蓄積されたエネルギーは磁界が存在する空間における磁気エネルギーとなる．以下，これを単に**磁気エネルギー** W_Mと呼ぶことにする．

図3.2 (b) の場合，磁気エネルギーは図中の面積S_1に相当するが，このときの磁気リラクタンス$\Re$は一定であり (3.7) 式の積分を実行すれば，

$$W_M = \frac{1}{2} \Re \phi_m^2 \quad [\text{J}] \tag{3.8}$$

となる．

b. 磁気随伴エネルギー

図3.1の系において，可動磁極が動かない場合，系に流入する電気エネルギーが系空間に蓄積される磁気エネルギーとなることは前項で述べたとおりである．ここでは，系が非線形の場合も考慮しながら論を進める．すなわち，図3.2 (a) の系を考える．

微小時間dtにおける電気的入力を表す (3.6) 式において，(3.5) 式を用いて$vdt = Nd\phi = d\Phi$と書くと，

$$dW_E = vidt = id\Phi \tag{3.9}$$

一方，$\Phi = Li$に注意すると

$$d\Phi = Ldi + idL \tag{3.10}$$

と表せるので，(3.6) 式は

$$\therefore \quad dW_E = vidt = id\Phi = Lidi + i^2 dL \tag{3.11}$$

と表せる．すると，系に流入する電気エネルギーW_Eは (3.7) 式の代わりに

$$W_E = \int dW_E = \int_0^{i_m} Lidi + \int_{L_0}^{L_m} i^2 dL \tag{3.12}$$

と表せることになる．ここで$i = 0$のときのインダクタンスをL_0，$i = i_m$のときのインダクタンスをL_mとした．(3.12) 式は磁気エネルギーW_Mに等しいので

$$W_M = \int_0^{i_m} L i\, di + \int_{L_0}^{L_m} i^2 dL \tag{3.13}$$

ここで上式第1項は

$$\int_0^{i_m} L i\, di = \int_0^{i_m} \Phi\, di = \int_0^{i_m} N\phi\, di = \int_0^{i_m} \phi\, dNi \tag{3.14}$$

と変形することができ，この項を W_M^C とおくと，図3.2において面積 S_2 に相当するエネルギーに対応することがわかる．このエネルギー W_M^C を**磁気随伴エネルギー**と呼ぶ．

さて，磁気随伴エネルギーを用いると磁気エネルギー W_M は

$$W_M = W_M^C + \int_{L_0}^{L_m} i^2 dL \tag{3.15}$$

との関係が成り立ち，上式第2項は電流がインダクタンスの関数である場合，すなわち系が非線形の場合に非零値となる．

図3.2から明らかなように，磁気随伴エネルギー W_M^C と磁気エネルギー W_M とのあいだには系の線形，非線形性によらず

$$W_M + W_M^C = \phi_m \times N i_m \tag{3.16}$$

の関係がある．電流 i_m が定常的に流れ，磁束 ϕ が定常的に発生している系においては (3.16) 式の値は一定となる．

一方，系が線形であれば，インダクタンス L が電流の関数ではなく一定となるため，図3.2 (b) のように，$S_1 = S_2$ となり，

$$W_M = W_M^C \tag{3.17}$$

さらには

$$W_M^C = \int_0^{i_m} L i\, di = \frac{1}{2} L i_m^2 \tag{3.18}$$

と積分が実行でき，(3.17) 式から

$$\frac{1}{2} L i_m^2 = \frac{1}{2} \Re \phi_m^2 \tag{3.19}$$

となる．今の場合，磁気回路方程式は

$$N i_m = \Re \phi_m$$

となるので (3.19) 式は

$$\frac{1}{2} L i_m^2 = \frac{1}{2} \Re \phi_m^2 = \frac{1}{2} \frac{(\Re \phi_m)^2}{\Re} = \frac{1}{2} \frac{(N i_m)^2}{\Re} \tag{3.20}$$

と書き直すことができ，インダクタンス L と磁気リラクタンス $\Re$ との間には

$$L(x) = \frac{N^2}{\Re(x)} \quad (3.21)$$

の関係がある．左辺の L（インダクタンス）は電気回路のパラメータであり，右辺の $\Re$（磁気リラクタンス）はいわば電磁気学のパラメータである．(3.21)式はこれらを結びつけるもので，線形の系において成り立つ重要な関係式である．線形の系を考えているのでインダクタンスは電流の関数にはなっていないが，距離 x の関数にはなり得ることに注意を要する．したがって，図3.2(b)で表される特性を有する電磁石系（図3.1）は，図3.3のような電気回路として表現されることになる．R は巻線抵抗である．磁心で発生する損失はここでは考慮されていない（第4章参照）．

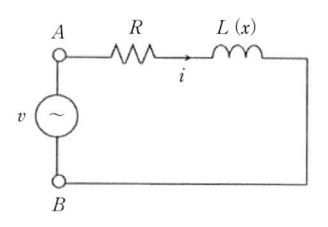

図 3.3 電磁石等価回路

鎖交磁束は次式で示されるように時間 t とともに距離 x の関数となり，

$$\Phi(x, t) = L(x) i(t) \quad (3.22)$$

一方，誘導起電力は

$$e = -\frac{d\Phi}{dt}$$

であるから，$\Phi(x, t)$ の場合，

$$d\Phi = \frac{\partial \Phi}{\partial t} dt + \frac{\partial \Phi}{\partial x} dx$$

に注意して

$$e = -\frac{d\Phi}{dt} = -\frac{\partial \Phi}{\partial t} - \frac{\partial \Phi}{\partial x}\frac{dx}{dt} = -L(x)\frac{di}{dt} - i(t)\frac{\partial L(x)}{\partial x}\frac{dx}{dt} \quad (3.23)$$

となる．ここで，dx/dt は磁束に対するコイルの相対速度である．

(3.23)式中の第1項は，磁束が時間変化する場合に生じる起電力で，磁束とコイルの相対位置がかわらずに磁束が時間変化するような変圧器の場合などに生じる起電力であるので，変圧器起電力である．第2項は磁束が可動磁極位置の関数となる場合にのみ生じる起電力で，速度起電力と呼ばれる．発電機のように，空間分布を持つ直流磁束のなかでコイルが磁束に対して相対運動する場合などに生じる起電力に相当し，速度起電力である．

3.2 機械的仕事と電磁力

さて，図 3.1 おける電磁石において，可動磁極を動ける状態とし，電流を流したとすると，磁極は電磁力により空隙 x が減少する方向に動く．すなわち機械的仕事が発生したことになる．系に投入されたエネルギーは電気的エネルギーのみであるから，前節までに述べたようにそのすべてが磁気エネルギーとして蓄えられるのではなく，その一部が機械的仕事に変換されることになる．この節ではこれが ϕ-i 平面上でどのように表せるかを考える．

図 3.4 で電流 i_1 が流れている状態を P_1 とし，そこから，空隙が x_1 の状態から x_2 に減少する場合を考えると，空隙の減少によって系の磁気リラクタンスは減少し，系のインダクタンスは逆に増加するので，動作点 P_1 は図 3.4 に示すように左上方の点 P_2 に移動する，と考えるのが自然である．

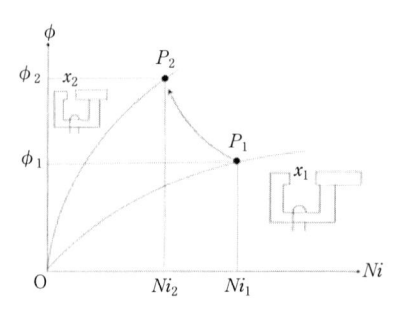

図 3.4　ϕ-i 平面上における状態変化の表現

この間に新たに流入する電気的エネルギー ΔW_E はエネルギー保存則から

$$電気エネルギー \Delta W_E = 磁気エネルギー変化 \Delta W_M + 機械エネルギー W_{mech} \tag{3.24}$$

となるはずである．ここで ΔW_E は，前節の議論から

$$\Delta W_E = \int_{i_1}^{i_2} vi\,dt = \int_{\phi_1}^{\phi_2} Ni\,d\phi$$

と表せるので図 3.4 中では面積 $P_1P_2\phi_2\phi_1$ に対応する．すなわち，

$$\Delta W_E = P_1P_2\phi_2\phi_1 \tag{3.25}$$

である．また，図 3.4 において，状態 1 における磁気エネルギーは面積 $OP_1\phi_1$，状態 2 における磁気エネルギーは面積 $OP_2\phi_2$ であるから，状態 1 → 状態 2 の変化における磁気エネルギーの変化 ΔW_M は

$$\Delta W_M = 面積\ OP_2\phi_2 - 面積\ OP_1\phi_1 \tag{3.26}$$

となる．その結果，(3.24)～(3.26)式を用いて，機械的仕事 W_{mech} を表すと，

$$\therefore \quad W_{mech} = \Delta W_E - \Delta W_M = P_1P_2\phi_2\phi_1 - (\mathrm{O}P_2\phi_2 - \mathrm{O}P_1\phi_1)$$
$$= P_1P_2\phi_2\phi_1 + \mathrm{O}P_1\phi_1 - \mathrm{O}P_2\phi_2 = \mathrm{O}P_1P_2 \tag{3.27}$$

となることがわかる．このことから任意の状態 P において働く電磁力を求める式を導出することができることを次節で示す．

3.3 電磁力の表現

電磁石において磁極に吸引力が働く場合を想定しよう．すでに述べたように，空隙は減少方向であるから，一般に電流は減少，磁束は増加することが予想される．

電磁石に流れる電流を i_1，発生している磁束を ϕ_1 としたときの状態を「状態1」として図3.5中の点1で表す．このとき，磁極に働く力は唯一に定まるであろう．一方，状態1から微小変位後の状態2を考えると，電流，磁束ともに変化することが考えられるので，点2の位置は任意に考えられる．しかしながら，点2の位置がいずれであっても，微小変位であればその間に働く電磁力 f は一定であり，微小変位 δx に対する仕事を δW_{mech} としたとき，

$$\delta W_{mech} = f \times \delta x \tag{3.28}$$

と表すことができる．

そこで，微小仕事 δW_{mech} に対して $-\delta i, \delta\phi$ の変位があったとすると

$$\delta W_{mech}(\phi,i) = f\delta x = \frac{\partial W_{mech}}{\partial \phi}\delta\phi - \frac{\partial W_{mech}}{\partial i}\delta i \tag{3.29}$$

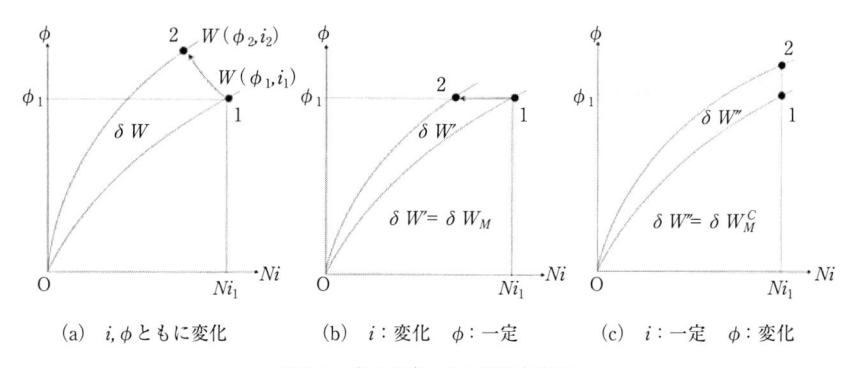

図3.5 微小仕事からの電磁力表現

と表せる．状態 1→2 の過程はさまざまであるが，典型的な場合として図 3.5 (b), (c) に示されるように，磁束 ϕ が一定の過程と電流 i が一定の過程の 2 種類の過程を考える．

まず，磁束 ϕ 一定の過程（図 3.5 (b)）をとり，このときの仕事を $\delta W'_{mech}$ とすれば状態 1→2 の間に系への電気的入力は明らかにゼロであり，(3.24) 式から

$$0 = \delta W_M + \delta W'_{mech}$$

$$\therefore \quad \delta W'_{mech} = -\delta W_M = -\left(\frac{\partial W_M}{\partial i}\right)_\phi \delta i \tag{3.30}$$

一方，

$$\delta W'_{mech} = f\delta x = f\left(\frac{\delta x}{\delta i}\right)\delta i$$

と書けるので

$$\therefore \quad -\left(\frac{\partial W_M}{\partial i}\right)_\phi \delta i = f\left(\frac{\delta x}{\delta i}\right)\delta i \tag{3.31}$$

$$\therefore \quad f = -\left(\frac{\partial W_M}{\partial i}\right)_\phi \left(\frac{\partial i}{\partial x}\right) = -\left(\frac{\partial W_M}{\partial x}\right)_\phi \tag{3.32}$$

これは電磁力 f のなす仕事（エネルギー）が，磁束 ϕ 一定のもとでの磁気エネルギーの減少分から与えられることを示す．

次に，電流 i 一定の過程（図 3.5 (c)）をとり，このときの仕事を $\delta W''_{mech}$ とすれば，状態 1→2 の間に系に対する電気的入力，磁気エネルギーはともに変化するものの，磁気随伴エネルギーを考えると，その増加分が仕事に等しいことが図 3.5 (c) から明らかである．

$$\delta W''_{mech} = \delta W_M^C = \left(\frac{\partial W_M^C}{\partial \phi}\right)_i \delta\phi \tag{3.33}$$

一方，

$$\delta W''_{mech} = f\delta x = f\left(\frac{\delta x}{\delta \phi}\right)\delta\phi$$

$$\therefore \quad \left(\frac{\partial W_M^C}{\partial \phi}\right)_i \delta\phi = f\left(\frac{\delta x}{\delta \phi}\right)\delta\phi \tag{3.34}$$

$$\therefore \quad f = \left(\frac{\partial W_M^C}{\partial \phi}\right)_i \left(\frac{\partial \phi}{\partial x}\right) = \left(\frac{\partial W_M^C}{\partial x}\right)_i \tag{3.35}$$

となる．

これは電磁力 f が，電流 i 一定のもとで磁気随伴エネルギーの増加分として与えられることを示す．ここで注意すべきことは，(3.32) 式を用いて電磁力を磁気エネルギーの減少分から求めても，(3.35) 式を用いて磁気随伴エネルギーの増加分から求めても，同一であるということである．なぜなら，状態 1 において働く電磁力の大きさは唯一であるからである．

3.4 回転系における電磁力とトルク

a. 回転系におけるトルク

次に，回転系への拡張を考える．前節において機械的仕事 δW_{mech} を $\delta W_{mech} = f \delta x$ と表したが，これは力 f が働き，変位 δx となる並進運動の場合である．回転運動を考えた場合，図 3.6 からわかるように，周方向に力 f が働き，δx の周方向変位があったと考えれば，

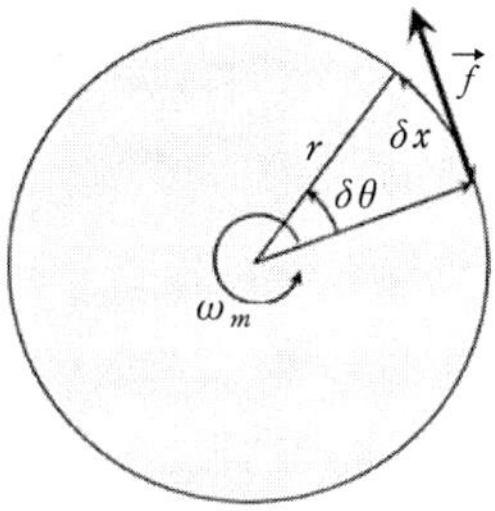

$$\delta W_{mech} = f \times \delta x \quad (3.36)$$

図 3.6 回転運動における機械的仕事

となり，変位 δx は

$$\delta x = r \delta \theta$$

となるので，機械的仕事 δW_{mech} は，

$$\delta W_{mech} = f \times r \delta \theta = T \times \delta \theta \quad (3.37)$$

と書ける．ただし，T は

$$T = f \times r \quad (3.38)$$

であり，**トルク**と呼ばれる量である．これを用いると発生電磁トルクは

$$T = -\left(\frac{\partial W_M}{\partial \theta}\right)_\phi \quad (3.39)$$

あるいは

$$T = \left(\frac{\partial W_M^C}{\partial \theta}\right)_i \quad (3.40)$$

となることがわかる．すなわち並進系から回転系に変わるときは，変数の対応を

　　力→トルク　　変位→角度

とすればすむことがわかる．

トルクは回転子を回転させる回転力である．力 f が周方向と異なる場合は，半径を位置ベクトル $\vec{r}$ とみなし，力 $\vec{f}$ との外積 $\vec{T}=\vec{f}\times\vec{r}$ でトルクを定義すればよい．

また，回転数が毎秒 n 回転であれば，機械的仕事率，すなわち機械出力 P_m は

$$P_m = f \times 2\pi r \times n = \omega_m T \tag{3.41}$$

ただし，ω_m は機械的角速度であり，次式で与えられる．

$$\omega_m = 2\pi n \tag{3.42}$$

機械出力とトルクの関係を表す (3.41) 式は回転機に共通の性質である．

また，磁気エネルギー，あるいは磁気随伴エネルギーが角度 θ の関数でない場合はトルクが発生しないことも (3.39)，(3.40) 式からも明らかである．すなわち，図 3.7 (a) のように，回転対称の構造を持ち巻線を施さない磁性体回転子を用いた場合，回転子が回転しても系の磁気リラクタンスは変化せず一定でありトルクは発生しない．回転子表面に磁極を誘導すればトルクは得られる．そのためには，永久磁石を用いる方法（図 3.7 (b)），あるいは回転子に施した巻線に電流を流し電磁石とする方法（同図 (c)）などがある．

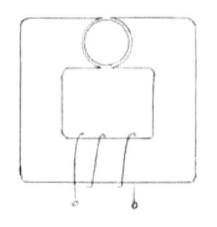

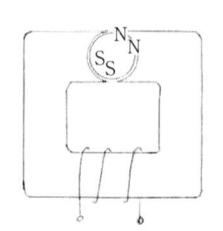

(a) 表面磁極なし　(b) 表面磁極あり（永久磁石）　(c) 表面磁極あり（電磁石）

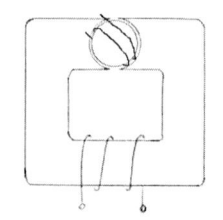

図 3.7　非凸極回転子を持つ回転機

図 3.7 (b)，(c) はともに回転子表面に固定され，回転子とともに回転する磁極 N,S を形成する方法である．このような場合には図 3.8 に示すように 1 回転を周期とするトルクが発生する．

一方，図 3.9 に示されるような凸極形の磁性体回転子を用いると，印加磁界によって回転子凸部に集中して磁極を発生させることができ，それによるトルクが利用できる．次にそれを示す．

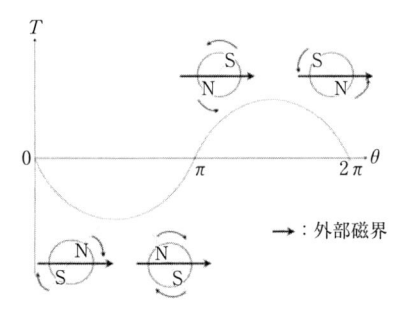

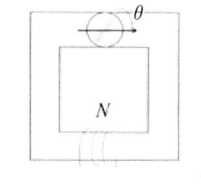

図 3.8　永久磁石回転子によるトルク　　　　図 3.9　凸極回転子を持つ回転機

b. リラクタンストルク

図 3.9 に示すように，回転対称ではない形状を持ち，強磁性体からなる回転子（これを凸極回転子と呼ぶ）を空隙内に挿入すると，回転子には磁極が誘導され，図 3.10 に示すように機械角 180° で 1 周期となるトルクが発生する．このトルクは磁気リラクタンスの変化によって生み出されるので，**リラクタンストルク**という．

3.5　回転磁界と電気機械

さて，凸極回転子を用いた場合，図 3.10 のようなリラクタンストルクが角度 θ により発生するが，かりに回転子が自由に回転できる状態であるとすると，磁気リラクタンスが最小となる図中の $\theta=0°$ あるいは 180° が常に安定平衡点となり持続的回転はできないように見える．

しかしながら，回転子に発生トルクとは反対向きに負荷トルク T_L が作用し

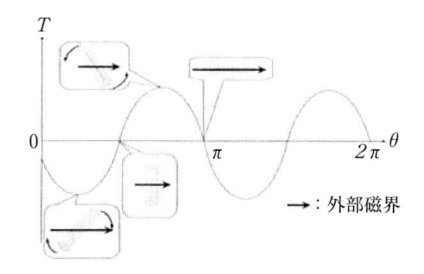

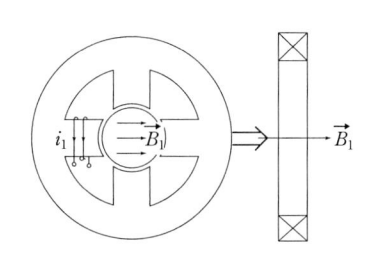

図 3.10　誘導磁極による発生トルク　　　　図 3.11　回転機磁心と巻線の表記

て発生電磁トルクと釣り合えば角度差 $\theta=\delta$ を保ちながら回転を持続することが可能である．このとき，電磁トルクは機械的仕事をすることになる．電磁トルクは磁界との角度差 θ の関数であるから，回転子の持続的回転を維持するには，回転子を磁界の方向そのものが回転する磁界中におけばよいことがわかる．このような磁界を**回転磁界**と呼び，その回転数を同期速度という．1秒あたりの同期速度を n_S，1分あたりの同期速度を N_S と表すこととする．回転子は磁界と角度 δ を保って回転するので，回転子の速度は同期速度に等しい．

このような回転磁界を得る方法について次に考える．一般に，回転機は図3.11に示すように回転子を固定子で包み込む構造となっており，固定子，回転子ともに強磁性体で作られ，固定子と回転子の空隙はきわめて狭い．

図3.11に示すような位置に巻線が施され，電流 i_1 が流れて磁束が発生しているとき，おおよその磁力線分布は図中の矢印で示したようになり，回転子内ではほぼ平行に磁力線が通る．すなわち，均一の磁束密度 $\vec{B_1}$ が生じているとみなせる．このような状態を同図の右側に示した巻線の記号で表し，コイルと呼ぶことにする．また，磁束密度の発生している方向を，向きを含めてコイル軸と呼ぶことにする．

さて，図3.12に示すように，空間的にコイル軸を120°ずつずらした3個のコイル a, b, c を配置し，それぞれに以下のような平衡三相交流を供給したとする．

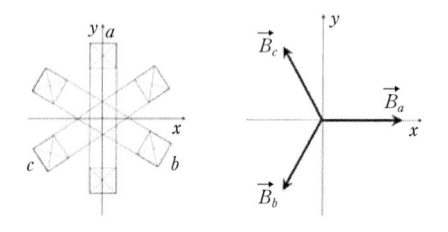

(a) コイル軸120°配置 (b) 三相磁界の各相磁界の向き

図3.12 三相交流と回転磁界

電気機器は電圧源駆動が基本であり，電源電圧と磁束の間には

$$v=-e=N\frac{d\phi}{dt}$$

が成り立っている．磁力線がほぼ平行であることを考慮すると適当な比例係数 S_e を用いて，

$$v=-e=NS_e\frac{dB}{dt}$$

$$\therefore B=\frac{1}{NS_e}\int v dt$$

と表される．

平衡三相電圧を

$$v_a = V_m \cos \omega t$$
$$v_b = V_m \cos \left(\omega t - \frac{2\pi}{3}\right) \tag{3.45}$$
$$v_c = V_m \cos \left(\omega t - \frac{4\pi}{3}\right)$$

とすると，各電圧を時間積分して得られる磁束密度 B がコイル軸の向きにそれぞれ発生する．結果を (3.46) 式に示し，図 3.12 (b) にはそれぞれの磁束密度 $\vec{B}_a$, $\vec{B}_b$, $\vec{B}_c$ の方向を示した．その大きさは

$$B_a = \frac{S_e V_m}{\omega N} \sin \omega t = B_m \sin \omega t$$
$$B_b = \frac{S_e V_m}{\omega N} \sin \left(\omega t - \frac{2\pi}{3}\right) = B_m \sin \left(\omega t - \frac{2\pi}{3}\right) \tag{3.46}$$
$$B_c = \frac{S_e V_m}{\omega N} \sin \left(\omega t - \frac{4\pi}{3}\right) = B_m \sin \left(\omega t - \frac{4\pi}{3}\right)$$

ただし，$B_m = \frac{S_e V_m}{\omega N}$．

図では三相の**相順**を慣例に従って右回りとした．図 3.12 で示されているとおり，(3.46) 式で与えられる 3 つの磁束密度は，空間的なコイル軸を 120°ずつ右回りに回転させた方向で，それぞれ正弦的な時間変化をする交流の磁束密度である．

ここで，同図 (b) に示すように直交座標面を導入すると，この平面は回転子の回転軸に対して直交する面となる．

コイル a, b, c による磁束密度 $\vec{B}_a$, $\vec{B}_b$, $\vec{B}_c$ の合成による磁束密度 $\vec{B}$ の x, y 成分 B_x, B_y は，図 3.12 および (3.46) 式から，それぞれ

$$B_x = B_a - B_b \cos \frac{\pi}{3} - B_c \cos \frac{\pi}{3} = \frac{3}{2} B_a - \frac{1}{2} B_a - \frac{1}{2} B_b - \frac{1}{2} B_c = \frac{3}{2} B_m \sin \omega t$$

$$B_y = -B_b \sin \frac{\pi}{3} + B_c \sin \frac{\pi}{3} = -\frac{\sqrt{3}}{2} B_m \left\{ \sin \left(\omega t - \frac{2\pi}{3}\right) - \sin \left(\omega t - \frac{4\pi}{3}\right) \right\} = \frac{3}{2} B_m \cos \omega t$$

と求めることができる．これは，大きさが一定で時計回りに角速度 ω で回転する回転ベクトルである．時計回りに回転するのはコイル a, b, c を時計回りに

おいたためである．かつ，その大きさは各コイルが発生させるそれぞれの磁束密度の 3/2 倍となる．

単相交流の場合は，1つのコイル（たとえば a 相）のみに交流電圧 v_a を印加した場合であるから，

$$v_a = V_m \cos \omega t$$

$$\therefore \ B_a = \frac{1}{NS_e} \int v dt = \frac{S_e V_m}{\omega N} \sin \omega t$$

したがって，x，y 成分は

$$B_x = B_a = B_m \sin \omega t \tag{3.47}$$
$$B_y = 0$$

となる．ここで，(3.47) 式を

$$B_x = B_m \sin \omega t = \frac{1}{2} B_m \sin \omega t + \frac{1}{2} B_m \sin \omega t \tag{3.48}$$

$$B_y = 0 = \frac{1}{2} B_m \cos \omega t - \frac{1}{2} B_m \cos \omega t$$

と書き換えると，(3.48) 式の第 1 項同士は大きさ $B_m/2$ 一定で右回りの回転磁界，第 2 項同士は大きさ $B_m/2$ 一定で左回りの回転磁界を与えることがわかる．すなわち，単相交流を印加した場合は1つのコイルが発生させる磁束密度の 1/2 の大きさの回転磁界が右回りと左回りに等量発生していると解釈できるのである．この種の回転磁界を積極的に利用したものが後に述べる単相誘導モータである．

3.6 電気機械結合系の表現

発電機あるいはモータは，電気回路部分と機械運動部分との結合系である．電気回路部分の特性は回路方程式で表され，機械運動部分の特性は運動方程式で表される．したがって，結合系の特性を記述する場合には2とおりの方法
 a．運動方程式部分を回路方程式で表す等価回路表現
 b．電気回路部分を運動方程式で表すラグランジュの運動方程式表現
が考えられる．前者は一般に電気機械に対して用いられ，後者は機械運動変位が微小な場合に特に有効とされ，電気音響変換などでよく用いられる．

以下，順を追って説明する．

a. 等価回路表現

図 3.13 (a) に示すような可動部を持つ電磁石を考える．電磁力は電流の関数として表されることが多い．簡単のため，電磁力 f_e が電流 i に比例するものとし，

$$f_e = Ki \tag{3.49}$$

とおくと，可動部の運動方程式は

$$f_e = Ki = m\left(\frac{d^2x}{dt^2}\right) + b\left(\frac{dx}{dt}\right) + k_0 x \tag{3.50}$$

となる．

電源側から電磁石（電気機械）をみると電磁石にかかる電圧は同図 (b) に示すように，巻線抵抗 R による電圧降下，磁心を通らない磁束を表すインダクタンス L_l（第2章参照）による電圧降下，そして磁心を通る磁束による電圧降下に分配されている．ここでは，磁心を通る磁束による電圧降下を e_m と表し，そのインピーダンスを Z_m とする．図では端子 AB 間の電圧，およびインピーダンスに相当する．

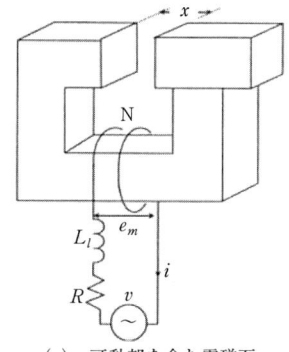

回路方程式は

$$e = Ri + L_l \frac{di}{dt} + Z_m i \tag{3.51}$$

となる．

一般に，図 3.13 (b) 中の端子 AB に発生している電圧 e_m は 3.1 節で述べたように次式で与えられる変圧器起電力と速度起電力とで表されるが

$$e = -\frac{d\Phi}{dt} = -\frac{\partial \Phi}{\partial t} - \frac{\partial \Phi}{\partial x}\frac{dx}{dt} \tag{3.52}$$

ここでは見通しをよくするために，速度起電力に起因する第2項のみを考え，

$$e_m = K_0 \frac{dx}{dt} \tag{3.53}$$

と表すことにする．

これら3方程式 (3.50)，(3.51)，(3.53) 式が図 3.13 (a) の電磁石を記述する連立方程式となる．

(a) 可動部を含む電磁石

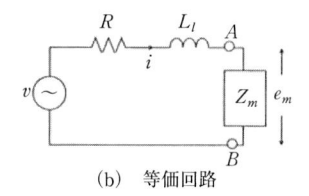

(b) 等価回路

図 3.13　電磁石（電気機械）とそれを表す回路図

インピーダンス Z_m は機械部分を表す等価インピーダンスであることは明らかであり，位置，速度，加速度，力といった力学量が含まれている．

まず，(3.53) 式から，速度と電圧が対応していることがみてとれる．すなわち，

$$\frac{dx}{dt} = \frac{e_m}{K_0} \tag{3.54}$$

上式を時間で積分すると，

$$x = \int \left(\frac{dx}{dt}\right) dt = \frac{1}{K_0} \int e_m dt = \Phi \tag{3.55}$$

これは位置 x が電圧の積分量，すなわち磁束 Φ に対応していることを示す．あるいは (3.54) 式をさらに時間 t で微分すると，

$$\frac{d^2 x}{dt^2} = \frac{1}{K_0} \frac{de_m}{dt} \tag{3.56}$$

となる．これは加速度が電圧の時間微分に対応していることを示す．これらの式を運動方程式 (3.50) 式に代入すると

$$Ki = m \frac{1}{K_0} \frac{de_m}{dt} + b \frac{e_m}{K_0} + \frac{k_0}{K_0} \int e_m dt \tag{3.57}$$

これは

$$i = \frac{m}{KK_0} \frac{de_m}{dt} + b \frac{e_m}{KK_0} + \frac{k_0}{KK_0} \int e_m dt \tag{3.58}$$

と書けるので，端子 AB 間の等価インピーダンス Z_m に対し，図 3.14 のような並列回路が対応することがわかる．図中の R_m，L_m，C_m は電磁石の機械的運動を等価回路定数で表したもので，(3.58) 式の係数とは以下のような関係にある．

$$C_m = \frac{m}{KK_0}, \quad R_m = \frac{KK_0}{b}, \quad L_m = \frac{KK_0}{k_0} \tag{3.59}$$

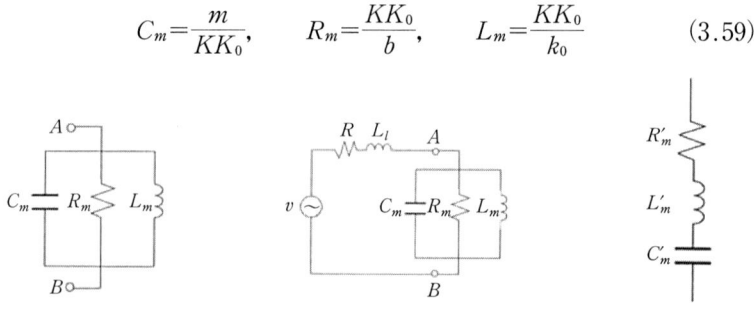

図 3.14　機械系の等価回路

図 3.15　電気機械結合系の等価回路

図 3.16　機械系の等価直列回路

したがって，先の回路方程式とあわせて考えると図 3.13（a）の電気機械結合系は図 3.15 のような等価回路で表される．

さて，電気回路には双対性が成り立つことが知られており，図 3.14 の等価回路が成り立つのであれば，端子 AB 間の等価インピーダンス Z_m について図 3.16 のような回路も考えることができる．このとき，

$$e_m = L'_m \frac{di}{dt} + R'_m i + \frac{1}{C'_m}\int i\,dt = L'_m \frac{d^2 q}{dt^2} + R'_m \frac{dq}{dt} + \frac{1}{C'_m} q \quad (3.60)$$

となる．これらの関係を表 3.1 にまとめた．

表 3.1　運動方程式の等価回路表現

	機械系パラメータ	並列回路等価パラメータ	直列回路等価パラメータ
位置	x	Φ	q
速度	$\dfrac{dx}{dt}$	$\dfrac{d\Phi}{dt}=e$	$\dfrac{dq}{dt}=i$
加速度	$\dfrac{d^2 x}{dt^2}$	$\dfrac{d^2 \Phi}{dt^2}=i$	$\dfrac{d^2 q}{dt^2}=e$
力	f	i	e
質量	m	C	L
スティフネス	k	$1/L$	$1/C$
摩擦係数	b	$1/R$	R

b.　ラグランジュの運動方程式表現

さて，電気機械結合系全体を，運動方程式で表すことを次に考える．これは電気回路方程式を機械系のパラメータである位置，速度，力といった力学量に相当した量として見直すことを意味する．すなわち，電気回路の運動方程式化を考えることになる．

このことを解析力学の手法で表現しておこう．

自由度 N の電気機械結合系において，運動随伴エネルギーとポテンシャルエネルギーの差からなるラグランジアン L を用いて，一般座標 q_k，一般化力 f_k に対する運動方程式は

$$f_k = \frac{d}{dt}\left(\frac{\partial L}{\partial \dot{q}_k}\right) - \frac{\partial L}{\partial q_k} + \frac{\partial F}{\partial \dot{q}_k} \quad (3.61)$$

で表される．ただし，

$$L = \sum_k \frac{1}{2} a_k \dot{q}_k{}^2 - \sum_k \frac{1}{2} b_k q_k{}^2 \quad (k=1, 2, \cdots, N) \quad (3.62)$$

N：系の自由度，q_k：k 番目の一般座標，f_k：一般座標 q_k に対する一般化力，$\dot{q}_k$：一般座標 q_k に対する一般速度，F：消散関数 $F = \sum_k \frac{1}{2} R_k \dot{q}_k{}^2$ である．

電気回路のパラメータを一般座標，一般化力などに対応させれば，回路方程式を等価運動方程式化したことになる．なお，消散関数 F は，エネルギーの散逸項を含む非保存系の場合に追加される項である．

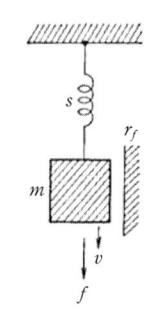

図 3.17 機械振動系

電気回路と対応させる運動系は図 3.17 で示される機械振動系としよう．質量 m，バネのスティフネス s，機械摩擦抵抗 r_M の系に働く駆動力を f としたとき，運動方程式は次式で与えられる．

$$f = m\frac{d^2 x}{dt^2} + r_M \frac{dx}{dt} + sx \quad (3.63)$$

前項の表 3.1 はこのような運動方程式と等価直列回路，あるいは等価並列回路との関係をまとめたものであるから，たとえば，現実にある電気回路が直列回路であれば一般座標に電荷 q，一般速度に電流 i，一般力に電圧 e をとり，ラグランジアンを構成すればよいことになる．

同様にして，RLC 並列回路については一般座標を鎖交磁束 ϕ，一般速度に電圧 e，一般力に電流 i をとり，ラグランジアンを構成すればよいことになる．

3.7 電気機械結合系におけるエネルギー変換

次に巻線型の回転電気機械を考え，ラグランジュの運動方程式表現を用いてエネルギー変換の様子を考察する．

図 3.18 に示すように回転する回転非対称の形をした強磁性体とし，簡単のために回転子巻線は考えないものとする．一方，固定子には巻数 N の巻線が施されているとする．

図では機械系の座標は回転角 θ_r であり，電気系の座標は固定子巻線側直列回路で q_s のみで，合計して自由度 $N=2$ の例となる．

一般速度，一般化力などを表にまとめると表3.2となる．

表 3.2

	機械系回転	電気系固定子
一般座標	q_k　θ_r	q_s
一般速度	$\dot{q}_k$　ω_r	i_s
一般化力	f_k　T	e_s

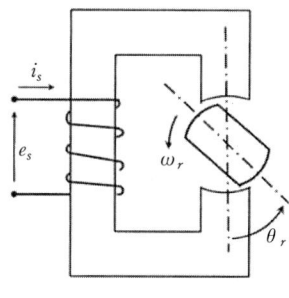

図 3.18　簡単な回転電気機械の例

したがって，ラグランジアン L および消散関数 F は

$$L = \frac{1}{2}L_s i_s{}^2 + \frac{1}{2}J\omega_r{}^2$$

$$F = \frac{1}{2}R_s i_s{}^2 + \frac{1}{2}r_f \omega_r{}^2$$

となり，電気・機械系の方程式群は以下のようになる．

$$\text{固定子回路}：v_s = R_s i_s + L_s \frac{di_s}{dt} + \frac{dL_s}{d\theta_r} i_s \omega_r \qquad (3.64)$$

$$\text{運動方程式}：T = r_f \omega_r + J\frac{d\omega_r}{dt} - \frac{1}{2}\frac{dL_s}{d\theta_r} i_s{}^2 \qquad (3.65)$$

ただし，$L_s = L(\theta_r)$ である．

固定子回路電圧を与える (3.64) 式において，回転角周波数 $\omega_r = d\theta_r/dt$ であることに注意すると

$$v_s = R_s i_s + L_s \frac{di_s}{dt} + \frac{dL_s}{d\theta_r} i_s \omega_r = R_s i_s + L_s \frac{di_s}{dt} + \frac{dL_s}{dt} i_s \quad \left(\because \omega_r = \frac{d\theta_r}{dt}\right)$$

$$= R_s i_s + \frac{d}{dt} L_s i_s \qquad (3.66)$$

となるので，固定子回路の瞬時投入電力 p_s は

$$p_e = e_s i_s = R_s i_s{}^2 + i_s \frac{d}{dt}(L_s i_s) = R_s i_s{}^2 + i_s{}^2 \frac{dL_s}{dt} + L_s i_s \frac{di_s}{dt} \qquad (3.67)$$

一方，全磁気エネルギーを W_M とおき，線形なので，これを磁気随伴エネルギーで表すと，

$$W_M = \frac{1}{2}L_s i_s{}^2$$

であり，その時間変化は

$$\frac{d}{dt}W_M = \frac{1}{2}i_s^2\frac{dL_s}{dt} + L_s i_s \frac{di_s}{dt} \tag{3.68}$$

となる．(3.79) 式を (3.78) 式に代入して，

$$p_e = R_s i_s^2 + \frac{d}{dt}W_M + \frac{1}{2}i_s^2\frac{dL_s}{dt} \tag{3.69}$$

この式において第1項はジュール損失，第2項は磁気エネルギーの時間変化なので，第3項が電気エネルギーから機械エネルギーに変換される量を表す．

一方，トルクを表す (3.65) 式は，

$$T = r_f\omega_r + J\frac{d\omega_r}{dt} - \frac{1}{2}\frac{dL_s}{d\theta_r}i_s^2$$

と表せるので，回転子軸から供給される機械的入力 p_m は

$$p_m = \omega_r T = r_f\omega_r^2 + J\frac{d\omega_r}{dt}\omega_r - \frac{1}{2}i_s^2\frac{dL_s}{d\theta_r}\omega_r = r_f\omega_r^2 + J\frac{d\omega_r}{dt}\omega_r - \frac{1}{2}i_s^2\frac{dL_s}{dt}$$

$$= r_f\omega_r^2 + \frac{d}{dt}\left(\frac{1}{2}J\omega_r^2\right) - \frac{1}{2}i_s^2\frac{dL_s}{dt} \tag{3.70}$$

(3.70) 式の第1項は機械的損失，第2項は慣性エネルギーの時間的変化なので，第3項が機械エネルギーから電気エネルギーに変換される量を表す．

ここで，電気的入力を表す (3.69) 式と機械的入力を表す (3.70) 式を比べると次のことがわかる．

① 上2式の第1項はエネルギー輸送に伴う損失項であること
② 定常状態であれば，上2式の第2項はともにゼロとなること
③ 上2式の第3項同士は絶対値が等しく符号が反転していること

このことから，もし，電気入力を表す (3.69) 式で輸送損失を除いた電気エネルギー $(1/2)i_s^2(dL_s/dt)$ が正であれば，このエネルギーが系に入力され，機械入力を表す (3.81) 式では，等量の $-(1/2)i_s^2(dL_s/dt)$ の負の機械的入力となる，すなわち，機械的出力となることがわかる．モータがこれに相当する．

逆もまた成り立つ．(3.70) 式で $-(1/2)i_s^2(dL_s/dt)$ の機械的入力が正であれば，(3.69) 式で等量の $(1/2)i_s^2(dL_s/dt)$ の負の電気エネルギーの入力，すなわち電気的出力が得られることになる．発電機がこれに相当する．

以上のことは，エネルギー，あるいは機械的エネルギーを「エネルギー変換場所」に運んでくれば電気・機械エネルギー変換にまわるエネルギーは 100 % 変換されることを意味する．しかも同一の機械で，入力を変えるだけで相互に変換が可能である点が大きな特徴である．回転電気機械は，同一の機械で，機

械エネルギーと電気エネルギーを相互に変換できる機器である．モータ，発電機に本質的な構造上の違いはない．

原理的に100％のエネルギー変換効率が得られることは，電気機械の大きな特色である．これは変換エネルギーの輸送損失さえ減らせば効率は向上することを意味するからである．一見，当たり前のようであるが，原理的な上限効率が存在する熱機関と比べるとその優位性は明らかである．さらに，エネルギーの相互変換が可能であることもまた，大きな特色である．

ここでは図 3.18 に示すように，回転子に巻線を持たない簡単な回転機械を例にとった．回転子に巻線を持つ場合も同様の式の展開をすることができ，本質的に (3.69)，(3.70) 式と同様の結論を得ることができるが，煩雑となるため，ここでは詳細については省略する．

演 習 問 題

1. 図1の電磁石を想定し，距離 x における電磁力 f を求めよ．
2. 図2の電磁石において，励磁巻線インダクタンスを $L(x)$，巻線抵抗を R，可動片の質量を m，摩擦係数を r_f，バネのスティフネスを s とする．この系を電圧

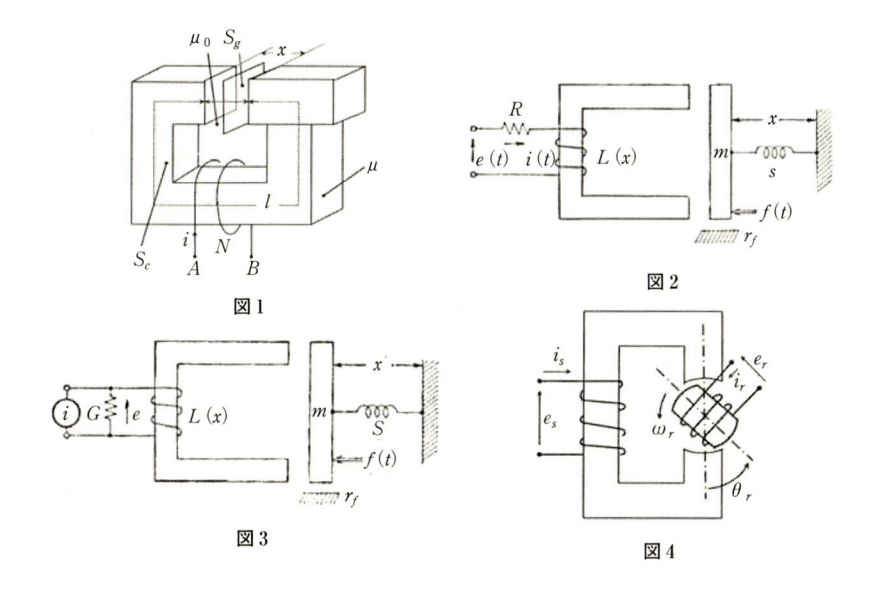

図1

図2

図3

図4

源 $e(t)$ で励磁したときの運動方程式および回路方程式を求めよ．ただし，一般座標としては位置 x，および電荷 q を用いよ．
3. 図3の電磁石を電流源 $i(t)$ で励磁したときの運動方程式および回路方程式を求めよ．ただし，電磁石の他のパラメータは問2と同様とし，一般座標としては位置 x，および鎖交磁束 ϕ を用いよ．
4. 質量 m，摩擦係数 r_f，バネのスティフネス s よりなる二次の機械系を，2種類の等価回路で表すとき，その対応関係について説明せよ．
5. 図4に示すような回転子および固定子に1組ずつ巻線を持つ回転電気機械の回路方程式および運動方程式を導け．

4 変　圧　器

　ここではエネルギー変換機器の代表例として電気エネルギー相互変換を行う**変圧器**を取り上げ，その特性について解説する．一般に電気機械は，前章で述べたように，その機械運動部分の特性を等価回路表現によって記述できる．したがって，電気エネルギーを入出力とする電気エネルギー相互変換機器，すなわち変圧器の特性を知ることは，基本的な電磁エネルギー変換電気機械の特性理解に役立つ．

4.1　磁心の等価回路

　エネルギーを扱う電気機械が磁界エネルギーを媒介とする電磁型であることはすでに述べた．したがって，電気機械には，エネルギーの変換場所に磁界が存在することが必須である．電磁石（または永久磁石）がその役割をはたす．この磁界を形成する電流のことを励磁電流と呼ぶ．前述の磁気回路方程式に表されているのはこの励磁電流のことである．後述の同期機，直流機の場合，励磁電流は直流であるが，変圧器，誘導機などにおける励磁電流は交流であり，励磁電流を流す回路の端子電圧は正弦波電圧であることが前提である．

　まず準備として磁心についての等価回路表現を考える．第2章の2.4節で述べたように，透磁率μを持つ磁性体で形成された磁心 #1 に，巻数Nの巻線が施された磁心の等価回路は図2.13で表される．

　図2.13中の端子$A'B'$にあらためて，交流電圧源v

$$v=\sqrt{2}V\cos\omega t \tag{4.1}$$

を接続した場合を考える．磁心 #1′ 内の鎖交磁束Φ_1と電源電圧vとのあいだには

$$v=\frac{d\Phi}{dt}$$

すなわち，

$$\Phi = \int d\Phi = \int v\, dt = \frac{\sqrt{2}\,V}{\omega}\sin\omega t \tag{4.2}$$

$$\phi = \frac{\sqrt{2}\,V}{N\omega}\sin\omega t$$

が常に成り立つので，磁束 ϕ は上式で表されるような正弦的時間変化をすることになる．

　この正弦的時間変化は磁心の特性を表す $B\text{-}H$ 曲線の形によらないことに注意する必要がある．

　$B\text{-}H$ 曲線は，磁心に使用される磁性材料の特性を反映したものであり，ヒステリシスと飽和特性を一般に示す．図 4.1 にその概略を示す．

　図 4.1 において，B と H の積は J/m^3 の単位を持ち，磁性材料単位体積，1 周期あたりの吸収エネルギーに相当する．この値に周波数を乗ずると単位体積，1 秒あたりの吸収エネルギー，すなわち損失エネルギーとなるので単位体積あたりの鉄損と呼ばれる．

　さらに，この**鉄損**の中身は磁性材料の特性からおおよそ 2 種類，すなわち**ヒステリシス損**と**渦電流損**に大別できる．ヒステリシス損は直流の $B\text{-}H$ 曲線の履歴特性から求められ，渦電流損は交流の $B\text{-}H$ 曲線から求められる．ヒステリシス損はおおよそ周波数の 1 乗，磁束密度の 2 乗に比例し，渦電流損は周波数，磁束密度のともに 2 乗にほぼ比例することが知られている．このような磁気特性を有する磁性材料を用いて磁心を構成すると，$B\text{-}H$ 曲線のかわりに磁心寸法を考慮した $\phi\text{-}i$ 曲線を描くことができる．磁束と電流の積は磁心の 1 周期あたりの吸収エネルギーを表す．さらに周波数を乗ずれば磁心損失，すなわち鉄損を表す．

　さて，正弦波電圧源を磁心に接続した場合の電流波形について考える．磁束波形は (4.1) 式のとおり正弦波となるので，図 4.1 のような特性を有する磁心内部の磁束の時間変化（図中の縦軸）も正弦波となる．結果として励磁電流（図中の横軸）

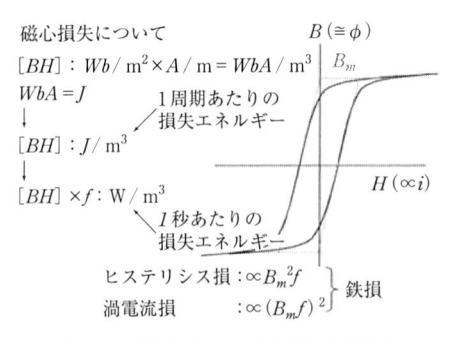

図 4.1　磁性材料の $B\text{-}H$ 曲線と磁心損失

磁心損失について
$[BH] : \text{Wb/m}^2 \times \text{A/m} = \text{WbA/m}^3$
$\text{WbA} = \text{J}$
↓
$[BH] : \text{J/m}^3$
↓
$[BH] \times f : \text{W/m}^3$

1 周期あたりの損失エネルギー
1 秒あたりの損失エネルギー

ヒステリシス損 : $\propto B_m^2 f$
渦電流損 : $\propto (B_m f)^2$
$\}$ 鉄損

$B(\cong \phi)$
B_m
$H(\propto i)$

4.1 磁心の等価回路

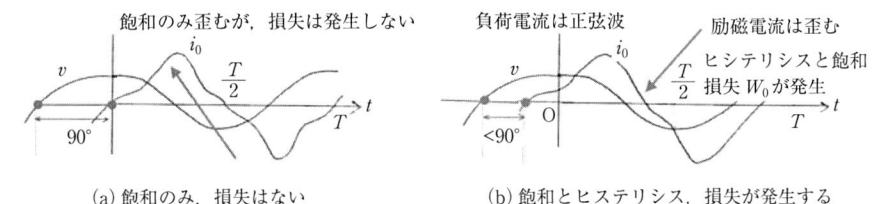

図 4.2 (a) 飽和のみ. 損失はない　(b) 飽和とヒステリシス. 損失が発生する

図 4.2 飽和のみと飽和とヒステリシス

の波形は歪むこととなる．これを図示したのが図 4.2 である．

B-H 曲線に履歴がなく原点を通過し，飽和特性のみがある場合には，電流波形は歪み波となるものの，電流波形は電圧波形に対して 90° 遅れとなり，磁束波形と電流波形とは同相となることがわかる（図 4.2(a)）．これに対して，ヒステリシスのある場合（同図 (b)）は，歪みとともに，電流波形は磁束波形よりも進み波形となることがわかる．したがって，電圧波形に対しては電流波形の遅れは 90° 未満となる．すなわち，電流が電圧に対してやや同相に近づくことになる．このことは有効電力 W_0 が存在することを意味する．これは ϕ-i 曲線に履歴特性があるがゆえであり，磁心の損失を表している．この損失を鉄損と呼ぶ．

これまでの説明からわかるように，ここで述べている電流は磁束を発生させるために流れる電流，すなわち励磁電流であることに注意してほしい．電力を伝送する負荷電流は，線形の負荷を考える限り正弦波である．

図 4.2 に示されている励磁電流波形に対して，その真の実効値を I_{0e} とすればそれは次式で求めることができる．

$$I_{0e} = \sqrt{\frac{1}{T}\int_0^T i^2 dt} \tag{4.3}$$

この歪み電流の真の実効値 I_{0e} と電圧実効値 V を用いて，鉄損 W_0 を次式

$$W_0 = V I_{0e} \cos\theta \tag{4.4}$$

で表せるような正弦波電流

$$i_{0e} = \sqrt{2} I_{0e} \cos(\omega t - \theta) \tag{4.5}$$

を導入する．これを**等価正弦波電流**と呼ぶ．

ここで，等価正弦波電流 i_{0e} を

$$i_{0e} = \sqrt{2} I_{0e} \cos\theta \ \cos\omega t + \sqrt{2} I_{0e} \sin\theta \sin\omega t$$

$$= \sqrt{2} I_F \cos \omega t + \sqrt{2} I_M \sin \omega t \tag{4.6}$$

ただし $I_F = I_{0e} \cos \theta$, $I_M = I_{0e} \sin \theta$
と2つの成分に分けてみる．電圧の (4.1) 式と比べると，I_F は電圧に対し同相電流（$\sqrt{2} I_F \cos \omega t$）の実効値，$I_M$ は電圧に対して 90°遅相の電流（$\sqrt{2} I_M \sin \omega t$）の実効値をそれぞれ表すことがわかる．

したがって，複素ベクトルで表現すれば，

$$\dot{I}_0 = \dot{I}_F + \dot{I}_M$$

となり，巻線電流（励磁電流）$\dot{I}_0$ は上式の2成分を含むこととなり，磁心部分 #1 は図 4.3 の等価回路で表現されることがわかる．

図中，r_F は鉄損等価並列抵抗，L_M は磁心に用いられる磁性材料の透磁率を反映したインダクタンスである．$\dot{I}_F$ を鉄損電流，$\dot{I}_M$ を磁化電流と呼ぶこともある．磁心に用いられる強磁性材料の磁化特性の履歴が小さくなれば鉄損は減少し，鉄損等価並列抵抗は増大する．通常，材料自身の電気抵抗率が高ければ鉄損は減少するので，等価回路上の鉄損等価並列抵抗は，材料の電気抵抗率に対応することになる．

図 4.3 中のインダクタンス L_M は ϕ-i 特性を線形化したときの透磁率に比例した量であるので，材料の透磁率が高ければ，L_M は大きくなり，その結果，磁化電流 I_M は減少する．仮に透磁率が無限大の材料が得られたとすると，電圧によって磁束が大きく変化しても磁化電流は常にゼロとなる．

磁心を電圧で励磁する場合，通常は，r_F や L_M の代わりに

励磁コンダクタンス $\quad g_0 = \dfrac{1}{r_F}$,

励磁サセプタンス $\quad b_0 = \dfrac{1}{\omega L_M}$

を用い，$\dot{Y}_0 = g_0 - jb_0$ として表すことが多い．これを**励磁アドミタンス**と呼ぶ．

まとめると，図 4.4(a) に示すような，漏れ磁束と損失を含む磁心を等価回路で表現すると図 4.4(b) のように表される．ただし，X_l は次式で与えられる量で漏れリアクタンスと呼ぶ．

$$X_l = \omega L_2$$

図 4.4(a) において磁心 #3 はもはや現実の磁

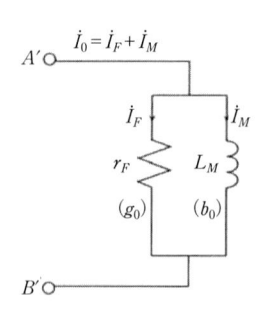

図 4.3 磁心鉄損を含む等価回路

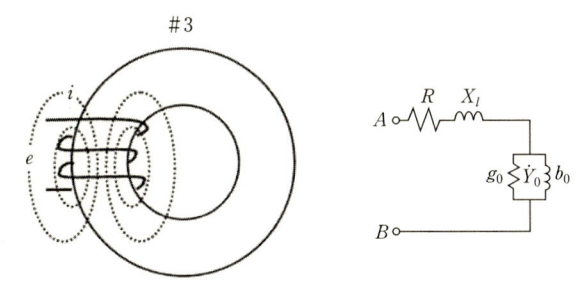

(a) 漏れ磁束と損失を含む磁心　　　(b) 等価回路

図 4.4 漏れ磁束と損失を含む磁心と等価回路

心ではなく，鉄損および巻線抵抗がなく，一定の透磁率 μ を持つ線形磁心である．

4.2 変圧器等価回路

さて，図 4.4(a) の磁心にさらに巻線を施し，図 4.5(a) のような 2 巻線型の単相変圧器としたときの等価回路を考える．左側を一次側，右側を二次側と呼ぶことにする．図 4.4(b) を参照すれば二次側巻線を加えた磁心は図 4.5(b) となることがわかる．

(a) 2 巻線型変圧器（単相）　　　(b) 等価回路

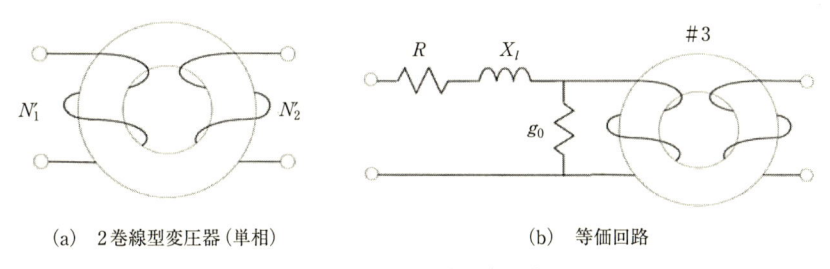

図 4.5 2 巻線型変圧器（単相）と等価回路

a. 理想変圧器を含む変圧器等価回路

一次側巻線の巻数を N_1，巻線抵抗を R_1，漏れリアクタンスを X_{l1} とすれば，二次側の巻線についても一次側同様，二次側巻線の巻数を N_2，巻線抵抗

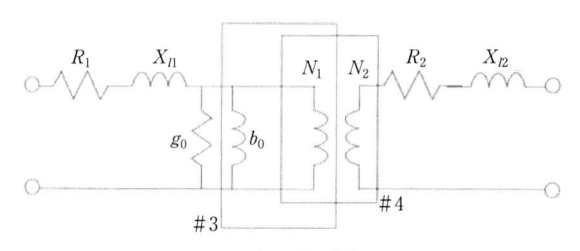

図 4.6 変圧器の等価回路

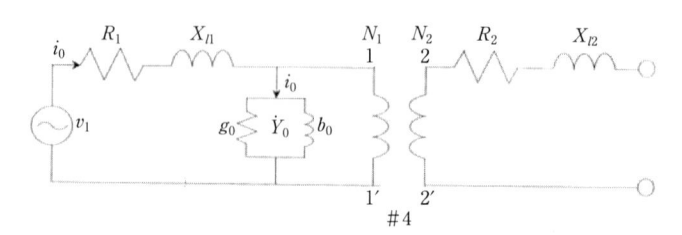

図 4.7 変圧器の等価回路（理想変圧器を含む）

を R_2，漏れリアクタンスを X_{l2} とおくことで，図 4.5(b) の等価回路は図 4.6 のように書くことができる．ただし，図中の破線部 #4 は**理想変圧器**であり，#3 は図 4.5(b) 中の磁心 #3 に相当する．

図 4.7 は図 4.6 を見やすく表現した図である．図中の #4 は理想変圧器である．この形の等価回路を T 型等価回路という．これは図 4.5 に示されるように，磁心に巻線を施し損失を考慮した場合に一般的に成り立つ等価回路である．すなわち，電力用変圧器に限らずに成り立つ関係である．

ここで，図 4.7 を参考にして，二次側に負荷を接続した場合について，変圧器内の動作について考察する．

一次側に交流電圧源 v を接続すると，励磁アドミタンス（1'）$\dot{Y}_0$ に励磁電流（2'）i_0 が流れる．このとき，実際の磁心に加わっている起磁力は $N_1 i_0$ である．したがって，磁心の磁気リラクタンスを $\mathfrak{R}$，磁心内部に生じている磁束を ϕ とすれば，次の磁気回路方程式が成り立っていることになる．

$$N_1 i_0 = \mathfrak{R}\phi \tag{4.7}$$

#4 の端子 1-1' における電圧 E_1 と端子 2-2' における電圧 E_2 の間には

$$\frac{E_1}{E_2} = \frac{N_1}{N_2} = a \tag{4.8}$$

の関係がある．a を**巻数比**と定義する．

さて，端子 2-2' には電圧 E_2 が誘起しているので，二次側に負荷を接続すると負荷電流 i_2 が流れる．すると新たに $N_2 i_2$ の起磁力が磁心に加わることになる．一方，磁心の ϕ-i 曲線において磁束 ϕ の値とその時間変化は，(4.2) 式から明らかなように電源電圧 v で規定されている．そのため，磁心内の起磁力は $N_1 i_0$ からずれることはできない．したがって，負荷電流 i_2 によって $N_2 i_2$ が新たに加わったときの一次電流を i_1 とすれば，次式

$$N_1 i_1 + N_2 i_2 = N_1 i_0 \tag{4.9}$$

が成り立つように一次電流が変化するはずである．ここで

$$i_1 = i_0 + i_1' \tag{4.10}$$

とおけば i_1' が一次側に新たに流れ込む電流であり，(4.10) 式を (4.9) 式に代入して

$$N_1 (i_0 + i_1') + N_2 i_2 = N_1 i_0 \tag{4.11}$$

したがって

$$N_1 i_1' + N_2 i_2 = 0 \tag{4.12}$$

$$\therefore \quad \frac{i_1'}{i_2} = -\frac{N_2}{N_1} \tag{4.13}$$

が成り立つ．すなわち，i_1'，i_2 に関しては理想変圧器における一次，二次電流と巻線数との関係式に一致する．

(4.9) 式において，電流の向きは一次，二次の起磁力が加算される向きを正にとっていることから (4.13) 式の結果は，一次，二次の起磁力は互いに逆向きであることを示す．そこで二次電流の向きを逆にとり，

$$i_2' = -i_2$$

とすれば，図 4.8 のように電力が電源側から二次側に伝送される様子を自然に表すことができる．すなわち，磁心内の起磁力が常に $N_1 i_0$ であるために，負荷電流 i_2' が流れるとそれによる起磁力 $N_2 i_2'$ を打ち消すように，電源側から新

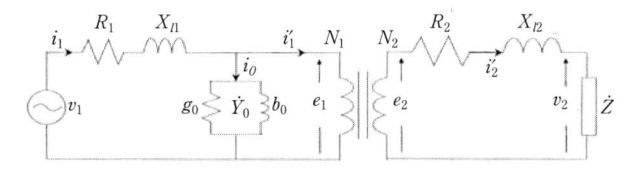

図 4.8 電力伝送を表す等価回路パラメータ

たに $i_1'=(N_2/N_1)i_2'$ の電流が流れこむ．これにより一次側から理想変圧器部分に流れ込む電力 e_1i_1' は，次式に示されるように，等量の電力 e_2i_2' となり，理想変圧器部分から二次側に伝送されることになる．

$$e_1i_1'=\frac{N_1}{N_2}e_2\times\frac{N_2}{N_1}i_2'=e_2i_2' \tag{4.14}$$

b. 理想変圧器を取り除いた電力用変圧器等価回路

　変圧器の目的の一つは電圧などの変換を伴う電力伝送である．ここでは，電力伝送を念頭においた，電力用変圧器に話を限る．

　図 4.8 は理想変圧器を含む変圧器の等価回路であるが，電力用変圧器の場合，巻線抵抗および漏れリアクタンスは極力小さな値に設計することは容易に理解できよう．実際の変圧器では定格負荷に対して 1 % 前後の値である．

　一方，励磁アドミタンスに着目すれば，これは使用される強磁性体磁心の性能を表すパラメータであり，すでに述べたように，励磁コンダクタンスは等価鉄損抵抗の逆数，励磁サセプタンスは透磁率の逆数にそれぞれ対応していた．電力用変圧器においては，なるべく低損失で高透磁率の磁性材料を用いるのが通例であり，いずれも励磁アドミタンスを低下させる，すなわち，その逆数である励磁インピーダンスはきわめて高くなっている．

　図 4.9 に示すように変圧器の二次側を開放し，一次側に電圧源を接続した場合，一次側には励磁電流 i_0 が流れる．上記の理由により，励磁電流 i_0 の振幅は小さく，かつ，巻線抵抗，漏れリアクタンスの部分の電圧降下分 R_1i_0, $X_{l1}i_0$ もまたその大きさはきわめて小さくなる．

　ベクトルで表現すれば，

$$\dot{V}_1=(R_1+jX_{l1})\dot{I}_0+\frac{\dot{I}_0}{g_0-jb_0}\cong\frac{\dot{I}_0}{g_0-jb_0} \tag{4.15}$$

したがって，励磁アドミタンスの位置を等価回路上どこにおいても大差ないことを表す．

　そこで，通常は図 4.10 に示すように一次側の電源からの端子に並列に励磁アドミタンスを置くことが多い．これを電力用変圧器のL型簡易等価回路という．

　さて，L型簡易等価回路において，図 4.11 に示すように変圧器二次側に負荷 $\dot{Z}$ を接続した場合を考える．図中 $\dot{V}_1$, $\dot{E}_1$ などは複素ベクトルを表す．

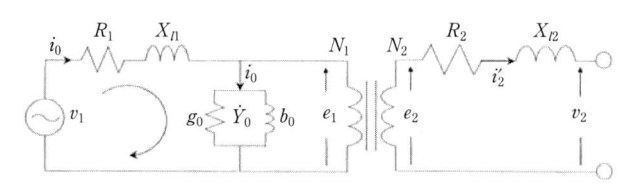

図 4.9 二次側開放時の等価回路

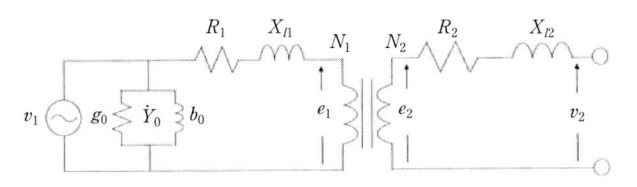

図 4.10 L型簡易等価回路

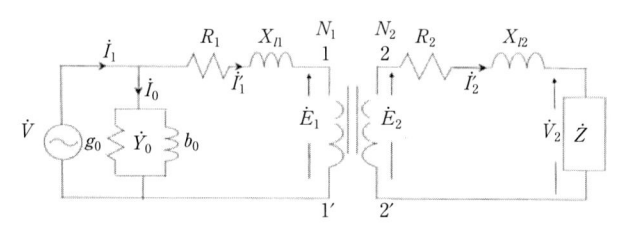

図 4.11 二次側に負荷を接続したときの等価回路

回路方程式は以下のようになる．

一次側：
$$\dot{V}_1 = \frac{\dot{I}_0}{\dot{Y}_0} \tag{4.16}$$

$$\dot{V}_1 = (R_1 + jX_{l1})\dot{I}'_1 + \dot{E}_1 \tag{4.17}$$

$$\dot{E}_1 = \frac{N_1}{N_2}\dot{E}_2 = a\dot{E}'_2 \tag{4.18}$$

$$\dot{I}'_1 = \frac{N_2}{N_1}\dot{I}'_2 = \frac{1}{a}\dot{I}'_2 \tag{4.19}$$

ただし，a は次式で与えられる巻数比であり，巻数比は，降圧型変圧器では 1 よりも大きな数となる．

$$a = \frac{N_1}{N_2} \tag{4.20}$$

二次側：$\dot{E}_2=(R_2+jX_{l2})\dot{I}'_2+\dot{Z}\dot{I}'_2$ (4.21)

$$\dot{V}_2=\dot{Z}\dot{I}'_2 \quad (4.22)$$

ここで，二次側の回路方程式（4.21）式を（4.18），（4.19）式を用いて一次側の電圧，電流で表現すると，

$$\frac{\dot{E}_1}{a}=(R_2+jX_{l2})a\dot{I}'_1+\dot{Z}a\dot{I}'_1 \quad (4.23)$$

すなわち，

$$\dot{E}_1=(R_2+jX_{l2})a^2\dot{I}'_1+\dot{Z}a^2\dot{I}'_1$$
$$=(a^2R_2+ja^2X_{l2})\dot{I}'_1+a^2\dot{Z}\dot{I}'_1 \quad (4.24)$$

また，

$$\dot{V}_2=\dot{Z}\dot{I}'_2=\dot{Z}\times a\dot{I}'_1$$

すなわち，

$$a\dot{V}_2=a\dot{Z}\times a\dot{I}'_1=a^2\dot{Z}\dot{I}'_1 \quad (4.25)$$

となる．

このことは，図 4.11 の等価回路を，(4.24)，(4.25) 式を用いることによって，図 4.12 のようにすべて一次側の電圧，電流で記述することができることを示す．かつ，理想変圧器においては電圧を一次側電圧に等値化しているため，これを取り払っても電力伝送を表す式に変更は生じないことがわかる．このようにして得られた等価回路（図 4.13）を**一次換算等価回路**という．ただし，一次，二次の回路の絶縁性を回路上では表すことができなくなる．

一方，一次側を表す（4.16）〜（4.19）式において，これらを二次側の電圧，電流で記述していけば，

$$\frac{\dot{V}_1}{a}=\left(\frac{R_1}{a^2}+\frac{jX_{l1}}{a^2}\right)\dot{I}'_2+(R_2+jX_{l2})\dot{I}'_2+\dot{Z}\dot{I}'_2 \quad (4.26)$$

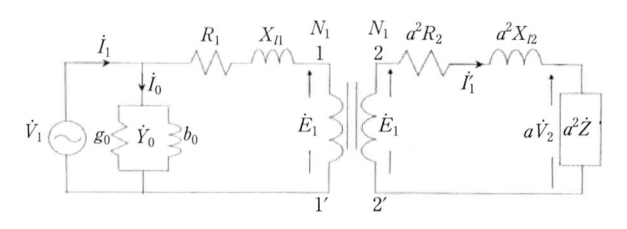

図 4.12　一次側の電圧，電流で表した等価回路

4.2 変圧器等価回路

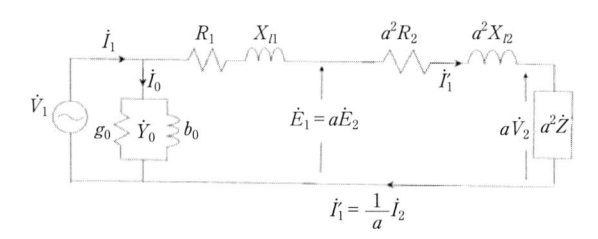

図 4.13 一次換算の電力用変圧器等価回路

$$\dot{E}_2 = \frac{\dot{E}_1}{a} \quad (4.27)$$

$$\dot{V}_2 = \dot{Z}\dot{I}_2' \quad (4.28)$$

$$\frac{\dot{V}_1}{a} = \frac{\dot{I}_2'}{a^2 \dot{Y}_0} \quad (4.29)$$

が得られ，(4.26)〜(4.29) 式をもとにすれば，図 4.14 の等価回路を得ることができる．これを**二次換算等価回路**という．

このように，電力用変圧器は必要に応じて，一次側の諸量だけで（一次換算 図 4.13），あるいは二次側の諸量だけで（二次換算 図 4.14），変圧器特性を記述することができる．扱う電圧が現実の電圧と一致したほうがわかりやすいため，たとえば，発電所側から変圧器を考えるときは，一次換算が便利であるし，柱上変圧器の通過後など，負荷側（需要家）から変圧器を考えるときは二次換算が便利，ということができる．

また，図 4.12 などからもわかるように，変圧器の等価回路定数は，以下に示す①開放試験，②短絡試験さらには③巻線の抵抗測定から求めることができる．

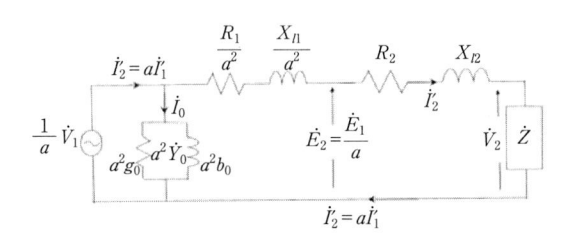

図 4.14 二次換算の電力用変圧器等価回路

① 開放試験　二次端子を開放し，一次側に定格電圧を加え，一次入力電力および電流，二次電圧を測定する．

② 短絡試験　二次端子を短絡し，一次側電流が定格値になるときの一次電圧，電力，二次電流を測定する．

③ 抵抗測定　一次側，二次側の巻線抵抗をそれぞれ測定する．

4.3　変圧器等価回路とベクトル図

二次側に負荷を接続した場合のベクトル図を図 4.15 に示す．図では遅れ力率 $\cos\phi$ を想定し，変圧器の等価回路を導くときに用いた理想変圧器を含む図 4.11 を参照しながらベクトルが描かれている．変圧器は一次側に接続された電源電圧によって磁束の時間変化が定まっているため，磁束ベクトル $\dot{\phi}$ を基準とし，これを垂直に書くと見通しがよい．また，励磁アドミタンスを流れる電流 $\dot{I}_0$ をサセプタンス b_0 を流れる磁化電流 $\dot{I}_s$ とコンダクタンス g_0 を流れる鉄損電流 $\dot{I}_F$ とにわける．すなわち，

$$\dot{I}_0 = \dot{I}_M + \dot{I}_F \tag{4.30}$$

ここで，サセプタンスを流れる電流 $\dot{I}_M$ はアドミタンス端子電圧ベクトルに対して 90°の位相遅れ，コンダクタンスを流れる鉄損電流 $\dot{I}_F$ はアドミタンス端子電圧ベクトルと同相であることに注意して両ベクトルを描き，それらのベクトル和として励磁電流 $\dot{I}_0$ を描いてある．

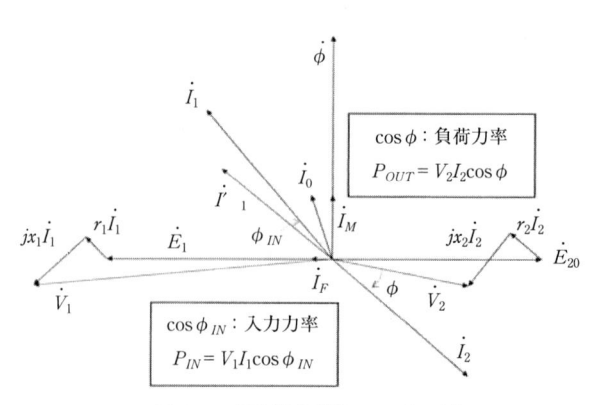

図 4.15　電力用変圧器のベクトル図

4.4 電圧変動率

さて,一般の電源に対して,負荷電流に応じて端子電圧の変化の程度を表すパラメータが**電圧変動率**である.電源の端子電圧が図 4.16 に示すように,無負荷出力電圧を V_0,定格出力電流 I_N における定格出力電圧を V_N としたとき,電圧変動率 ε は一般に次式で定義される.

$$\varepsilon = \frac{V_0 - V_N}{V_N} \times 100 \quad [\%] \tag{4.31}$$

電力用変圧器の電圧変動率について図 4.17 で示されるような二次換算等価回路を用いて求めてみる.ただし一次側電圧 $\dot{V}_1$ は一定とし,図中の r, X は次式で与えられるものとする.

$$r = \frac{r_1}{a^2} + r_2, \qquad X = \frac{X_1}{a^2} + X_2$$

このとき,二次側を短絡したとき,励磁アドミタンスはきわめて小さいため,次式で与えられるインピーダンス $\dot{Z}_S$ が,一次側から見たときの変圧器インピーダンスにほぼ等しくなり,短絡インピーダンスと呼ばれている.

$$\dot{Z}_S = r + jX \tag{4.32}$$

図 4.17 において,二次側開放端子電圧を $\dot{V}_{20}$ とおけば

$$\dot{V}_{20} = \frac{\dot{V}_1}{a} \tag{4.33}$$

であることは図より明らかである.今,図 4.18(a) に示すように,二次側に遅れ力率 $\cos\phi$ の負荷 $\dot{Z}$ を接続したとすると,回路方程式は

$$\dot{V}_{20} = (r + jX)\dot{I}_2 + \dot{V}_2$$

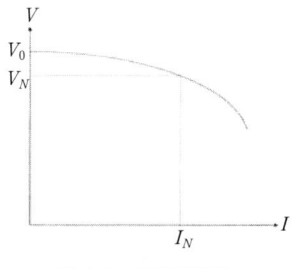

図 4.16 電圧変動率

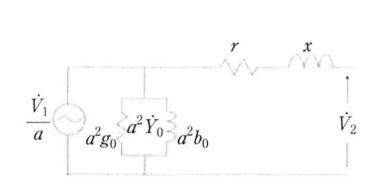

図 4.17 二次側開放等価回路

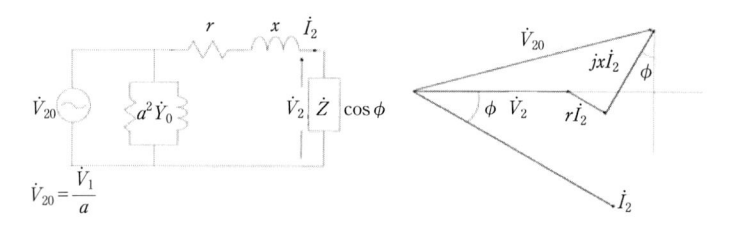

(a) 力率 cos φ 負荷接続等価回路　　(b) 変圧器二次側ベクトル図

図 4.18　力率 cos φ 負荷接続等価回路と変圧器二次側ベクトル図

$$\dot{V}_2 = \dot{Z}\dot{I}_2 \tag{4.34}$$
$$\dot{Z} = Z\varepsilon^{j\phi}$$

ただし,
$$r = \frac{r_1}{a^2} + r_2, \qquad X = \frac{X_1}{a^2} + X_2$$

となる．このときのベクトル図は図 4.18(b) のようになる．

ここで，二次側を指定力率 cos φ の定格値
$$\dot{V}_2 = \dot{V}_{2N}, \qquad \dot{I}_2 = \dot{I}_{2N}$$

とした．図 4.18(b) のベクトル図から
$$V_{20}^2 = (V_{2N} + rI_{2N}\cos\phi + xI_{2N}\sin\phi)^2 + (xI_{2N}\cos\phi - rI_{2N}\sin\phi)^2 \tag{4.35}$$

の関係が成り立つことは明らかである．一方，電圧変動率は，
$$\varepsilon = \frac{V_{20} - V_{2N}}{V_{2N}} = \frac{V_{20}}{V_{2N}} - 1$$

と表されるので，式 (4.35) を変形し，
$$\frac{V_{20}^2}{V_{2N}^2} = (1 + p\cos\phi + q\sin\phi)^2 + (q\cos\phi - p\sin\phi)^2 \tag{4.36}$$

と表しておく．ただし，
$$p = \frac{rI_{2N}}{V_{2N}}, \qquad q = \frac{xI_{2N}}{V_{2N}} \tag{4.37}$$

とした．(4.37) 式において，I_{2N} は定格電流値であるので，p は，定格時における巻線抵抗での電圧降下 rI_{2N} と定格電圧との比，q は，定格時における漏れリアクタンスでの電圧降下 xI_{2N} と定格電圧との比ということになり，電力用変圧器の場合にはいずれも 1 ％程度の小さな値である．したがって，(4.36)

式は次式のように近似式で表せる.

$$\frac{V_{20}^2}{V_{2N}^2} \cong 1 + 2(p\cos\phi + q\sin\phi) \tag{4.38}$$

これを電圧変動率の式に代入すれば,

$$\begin{aligned}\varepsilon &\cong \sqrt{1+2(p\cos\phi+q\sin\phi)}-1 \\ &\cong 1+\frac{1}{2}\times 2(p\cos\phi+q\sin\phi)-1 \\ &= p\cos\phi+q\sin\phi\end{aligned} \tag{4.39}$$

となる.これが電力用変圧器の電圧変動率を表す式である.ここでパーセント表示の p および q はそれぞれ**百分率抵抗降下**,**百分率リアクタンス降下**と呼ばれる.

さらに,百分率抵抗降下 p は

$$p = \frac{rI_{2N}}{V_{2N}} = \frac{rI_{2N}^2}{V_{2N}I_{2N}} = \frac{\text{定格銅損}}{\text{定格容量}}$$

と表すこともできる.

また,(4.39) 式は

$$\varepsilon = \sqrt{p^2+q^2}\sin(\phi+\alpha) \tag{4.40}$$

ただし

$$\alpha = \tan^{-1}\left(\frac{p}{q}\right) = \tan^{-1}\left(\frac{r}{x}\right)$$

と表せるので,
① ϕ が遅れ力率角の場合は無負荷時よりも負荷時の電圧が低下すること.
② $\phi+\alpha=\pi/2$,すなわち,力率角 ϕ が $\phi=(\pi/2)-\alpha$ の遅れ力率角のときに電圧変動率は最大値 $\sqrt{p^2+q^2}$ となること.
③ $\phi=-\alpha$ なる進み力率角のとき電圧変動率 ε はゼロとなること.
④ 力率角が $\phi<-\alpha$ なる進み力率角の場合は $\varepsilon<0$ となり,無負荷時よりも電圧が上昇すること.

などがわかる.また,

$$\sqrt{p^2+q^2} = \sqrt{\left(\frac{rI_{2N}}{V_{2N}}\right)^2 + \left(\frac{xI_{2N}}{V_{2N}}\right)^2} = \frac{I_{2N}}{V_{2N}}\times\sqrt{r^2+x^2} = \frac{\sqrt{r^2+x^2}}{\dfrac{V_{2N}}{I_{2N}}} = \frac{Z_S}{Z_N}$$

と変形できる.ここで Z_N は定格負荷の大きさである.したがって,変圧器の

電圧変動率 ε の最大値は定格負荷で規格化したときの短絡インピーダンスの大きさに等しい．

4.5 電力伝送効率

図4.18をもとに変圧器の電力伝送効率を考える．一般に効率は（出力／入力）で表されるが，大容量の変圧器などは出力の実測が困難であるため，等価回路表現から入力を出力＋損失で表し，出力／（出力＋損失）で効率とすることが多い．これを**規約効率**と呼ぶ．いずれにしても電力伝送効率を考えるとき，損失の評価が大事である．変圧器の主な損失は，変圧器の構成要素である磁心部と，銅線部とからそれぞれ発生する．前者を**鉄損** P_i，後者を**銅損** P_c と呼ぶ．

a. 鉄　　損

変圧器の磁心部から発生する損失であり，二次換算等価回路を表す図4.14から，変圧器においてこの損失を生じるのは励磁コンダクタンス $a^2 g_0$ においてであることがわかる．励磁コンダクタンスによる損失は，磁心の磁化特性が有する履歴特性の程度に起因する．したがって鉄損 P_i は

$$P_i = V_{20}^2 \times a^2 g_0 = \left(\frac{V_1}{a}\right)^2 \times a^2 g_0 = V_1^2 g_0 \tag{4.41}$$

となる．この式からわかるように，一次電圧 V_1 が一定であれば鉄損は一定値となり，負荷の状態によらない損失となる．そこで無負荷損，あるいは固定損と呼ばれる．また，励磁コンダクタンス g_0 は磁心磁化特性のヒステリシスの程度を表すため，周波数の関数でもあり，その結果，鉄損は一次電圧と周波数に依存する．

磁心のヒステリシスによる損失（すなわち鉄損）は，ヒステリシス損と渦電流損とからなり，周波数を f，磁心中の最大磁束密度を B_m とすると，おおよそ次の関係が成り立つことが知られている．

$$\text{ヒステリシス損} \propto f B_m^2$$
$$\text{渦電流損} \propto f^2 B_m^2$$

ここで，わが国におけるような一定電圧のもとで 50 Hz から 60 Hz への周波数変換が考えられる場合は注意を要する．一次電圧 V_1 を用いて表すと，一次

電圧 V_1 そのものが $V_1 \propto fB_m$ で一定となるので,

ヒステリシス損 $\propto fB_m^2 = \dfrac{f^2 B_m^2}{f} = \dfrac{V_1}{f} \propto \dfrac{1}{f}$

渦電流損 $\propto f^2 B_m^2 = V_1^2$ 一定

となる．したがって，電圧一定で 50 Hz から 60 Hz に変換するとヒステリシス損は 83 %（5/6）に低下する一方，渦電流損は一定に保たれ，結果としての鉄損は低下することになる．

b. 銅　　損

図 4.18 の等価回路において巻線抵抗 r による損失を銅損 P_c と呼ぶ．これは二次電流すなわち負荷電流 I_2 による損失であり，

$$P_c = rI_2^2 \tag{4.42}$$

と表せ，負荷によって変動する量のため，負荷損，もしくは抵抗損と呼ぶ．負荷損は二次電流の 2 乗で変化するが，定格電流 I_{2N} が流れるときの定格負荷損 P_{cN} は次式で与えられる一定値である．この量は次項の効率最大点の表現に用いられる．

$$P_{cN} = rI_{2N}^2 \tag{4.43}$$

c. 電力伝送効率

いま，簡単のために，電圧変動率は小さいものとみなし，二次電圧 V_2 を一定とする．負荷力率 $\cos\phi$ の負荷を変圧器二次側に接続し，負荷電流 I_2 を変化させた場合を考えると，

出力：$V_2 I_2 \cos\phi$

鉄損：P_i

銅損：$P_c = rI_2^2$

となるので，規約効率 η は

$$\eta = \dfrac{V_2 I_2 \cos\phi}{V_2 I_2 \cos\phi + P_i + rI_2^2} \tag{4.44}$$

と表せる．これは負荷電流 I_2 の関数であり，

$$\eta(I_2) = \dfrac{V_2 \cos\phi}{V_2 \cos\phi + \dfrac{P_i}{I_2} + rI_2}$$

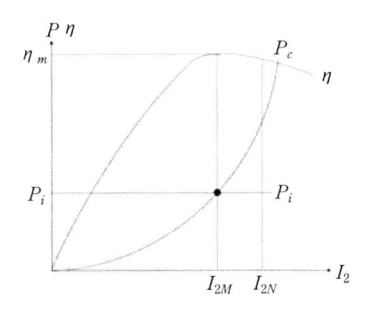

図 4.19 変圧器効率と損失

と変形すると明らかなように

$$\frac{P_i}{I_2}=rI_2$$

すなわち,

$$P_i=rI_2^2 \tag{4.45}$$

のときに効率 $\eta(I_2)$ は最大となることがわかる.この式は,鉄損 P_i に一致する負荷損を発生させる負荷電流(二次電流)のときに,効率は最大となることを示している.図4.19にそのことを定性的に示した.

負荷電流 I_2 を表すときに,定格電流 I_{2N} の m 倍 ($m\leqq1$),という表現もある.すなわち

$$I_2=mI_{2N} \tag{4.46}$$

とするのである.このときの m は**負荷率**と呼ばれる.

定格時の値を以下のように表す.

  定格出力電圧:V_{2N}
  定格出力電流:I_{2N}
  定格出力 :$P_N=V_{2N}I_{2N}\cos\phi$
  定格負荷損 :$P_{cN}=rI_{2N}^2$
  鉄損   :P_i

効率最大時の負荷率を求めてみる.最大効率を与える負荷電流を I_{2M} とし,それが定格電流 I_{2N} の m_M 倍,すなわち,$I_{2M}=m_MI_{2N}$ とすると,

$$I_{2M}=\sqrt{\frac{P_i}{r}}=m_MI_{2N} \tag{4.47}$$

$$\therefore\ m_M=\sqrt{\frac{P_i}{rI_{2N}^2}}=\sqrt{\frac{P_i}{P_{cN}}} \tag{4.48}$$

このときの出力を P_M とすれば,

$$P_M=I_{2M}V_2\cos\phi=m_MI_{2N}V_2\cos\phi$$

したがって,

$$P_M=m_MP_N \tag{4.49}$$

さらに,このときの負荷損 rI_{2M}^2 は

$$rI_{2M}^2=r(m_MI_{2N})^2=m_M^2rI_{2N}^2=m_M^2P_{cN} \tag{4.50}$$

したがって最大効率 $\eta_{\max}$ は

$$\eta_{\max} = \frac{m_M P_N}{m_M P_N + P_i + m_M^2 P_{cN}} = \frac{m_M P_N}{m_M P_N + 2P_i} \tag{4.51}$$

ただし，m_M は効率最大時の負荷率，P_N は定格出力である．

なお，効率最大時には鉄損と銅損が等しくなるため，全損失は鉄損の2倍となる．

一次変電所で使用されるような大容量の変圧器においては接続される負荷の変動は小さく，定格容量近くで運転されることが多い．この場合には，省エネルギーの観点からも定格容量近く（図4.20中の I_M'）に効率最大点を設定したほうがよい．

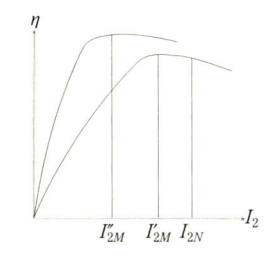

図4.20　効率最大点と効率

一方，末端の柱上変圧器など配電用変圧器では，定格容量で運転されることはまれで，日常的には常時接続され，かつ軽負荷で運転されている．このような場合は効率最大点を軽負荷領域（図4.20中の I_M''）に設定する．このような場合には主に鉄損を軽減した磁心の使用が効果的となることは上式からも明らかである．近年では効率最大の負荷率は20％台になってきている．

配電用変圧器などの場合には1日あたりの出力エネルギーと入力エネルギーの比で効率を定義する．これは全日効率と呼ばれ，次式で求められる．ただし，$T=24$ 時間である．

$$\eta_{\text{DAY}} = \frac{\int_0^T V_2 I_2 \cos\phi \, dt}{\int_0^T V_2 I_2 \cos\phi \, dt + \int_0^T P_i dt + \int_0^T r I_2^2 dt} \tag{4.52}$$

4.6　三相変圧器

これまでは単相変圧器を例に説明してきたが，電力機器においては三相変圧器がよく用いられる．図4.21は三相変圧器用鉄心の一例である．

図4.22に示すような単相変圧器を3台使用しても三相変圧器は構成できるが，図4.21の鉄心を使用したほうが小型になる．三相交流は3つの単相交流のセットであるから，図4.23に示すような同型状の単相変圧器3台を使用すれば三相変圧器を構成することができる．ここで三相交流では電流に対して後述の（4.57）式の性質が成り立つため，それぞれの単相用磁心に対して同一の

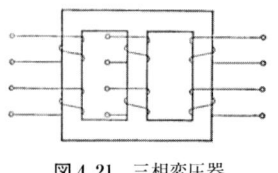

磁気回路方程式が成り立つ.

$$Ni = \Re\phi$$

したがって,

$$\phi_a + \phi_b + \phi_c = 0 \quad (4.53)$$

が成り立つ．すると，図 4.23 の 3 磁心を立体的に図 4.24 のように構成すれば，中央の 3 本の脚を通る磁束の合計は常にゼロとなる．したがって 3 磁心の中央部の脚は不要となる．これが図 4.23 の磁心形状であり，三相用変圧器磁心として使用することができるのである．

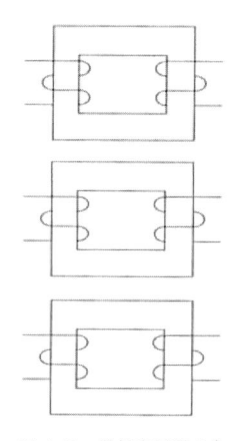

図 4.21 三相変圧器

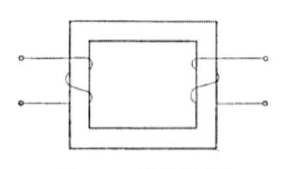

図 4.22 単相変圧器

図 4.23 単相変圧器 3 台

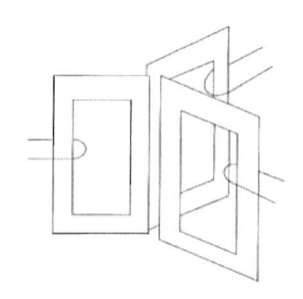

図 4.24 三相交流磁束の振る舞い

a. 結線方式

三相交流は 3 つの単相交流をセットで考える概念であるが，実効値がすべて等しく，時間的位相が互いに 120°ずつ異なる 3 つの単相交流をまとめたものを平衡三相（対称三相）と呼ぶ．それ以外のセットを不平衡三相（非対称三相）という．不平衡三相は平衡三相の組み合わせで表現されることが知られているので（詳細については省略する．対称座標法などに関する他書を参照のこと），以後は平衡三相に話を限定する．

平衡三相に用いられる 3 つの単相を a 相，b 相，c 相と呼ぶことにすると，

4.6 三相変圧器

それぞれの電圧に関しては

$$v_a = \sqrt{2}\, V \cos \omega t$$
$$v_b = \sqrt{2}\, V \cos\left(\omega t - \frac{2\pi}{3}\right) \qquad (4.54)$$
$$v_c = \sqrt{2}\, V \cos\left(\omega t - \frac{4\pi}{3}\right)$$

となる．ただし，上式において V は電圧実効値であり，時間的位相は 120° ずつの遅れで表現するのが通例である．ここで，それぞれの相に力率 $\cos\varphi$ の負荷を接続すると，下記に示す平衡三相電流が流れる．ただし，

$$i_a = \sqrt{2}\, I \cos(\omega t - \varphi)$$
$$i_b = \sqrt{2}\, I \cos\left(\omega t - \frac{2\pi}{3} - \varphi\right) \qquad (4.55)$$
$$i_c = \sqrt{2}\, I \cos\left(\omega t - \frac{4\pi}{3} - \varphi\right)$$

上式において I は電流実効値である．(4.54)，(4.55) 式から，任意の時刻 t において

$$v_a + v_b + v_c = 0 \qquad (4.56)$$
$$i_a + i_b + i_c = 0 \qquad (4.57)$$

が成り立つことは明らかである．

(4.56) 式に基づくと図 4.25 の回路で示す結線（**Δ 結線**という）が考えられる．これは 3 つの単相回路の直列接続に対応する回路である．

(4.57) 式に基づくと，3 つの単相回路の並列回路を考えることができ，図 4.26 の回路で示す結線（**Y 結線**という）が考えられる．

図 4.25，図 4.26 のいずれの場合も 3 つの単相の組み合わせでありながら，電源と負荷との結線は合計 3 本ですむことになり，2 本の線で輸送される単相電力の 3 倍の電力を 3 本の線で輸送できることを意味する．これは電力輸送設

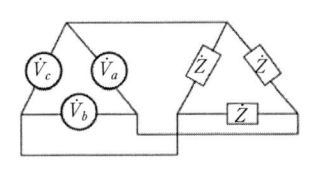

図 4.25　Δ 結線の説明図　　　　図 4.26　Y 結線の説明図

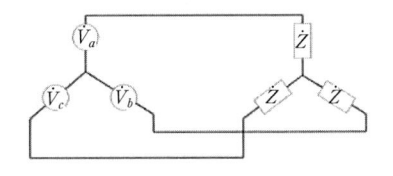

備を構築する上できわめて有利であることがわかる．しかも，三相交流は第3章で述べたように回転磁界を生成することができ，回転機応用にとっても重要な役割を果たす．

平衡三相交流は3つの単相交流のセットであるため，1相あたりの等価回路を考えれば十分である．ちなみに三相瞬時電力 p は

$$p = v_a i_a + v_b i_b + v_c i_c \tag{4.58}$$

であり，力率 $\cos\varphi$ における三相有効電力 P は

$$P = 3VI\cos\varphi \tag{4.59}$$

となる．$VI\cos\varphi$ は1相あたりの有効電力である．

三相の場合，3つの単相を3本の線で伝送しているので，3本の線をそれぞれに流れる電流（線電流という）と線間の電圧（線間電圧という）が直接に測定可能な量である．これを用いると，有効電力が次式で与えられることも容易に導ける．

$$P = \sqrt{3}\, V_l I_l \cos\varphi \tag{4.60}$$

ただし V_l は線間電圧実効値，I_l は線電流実効値を表す．$\cos\varphi$ は負荷力率である．

通常，変圧器をはじめ，電気機器の電圧，電流は，端子間の電圧，すなわち，線間電圧と，線電流とで表現するため，上式が三相電力に関する実用的な表現となる．

演習問題

1. 百分率抵抗降下2％，百分率リアクタンス降下4％の単相変圧器がある．この変圧器に，力率1.0，遅れ力率0.8，進み力率0.8の定格負荷を加えたときのそれぞれの電圧変動率を求めよ．
2. 遅れ力率0.75の定格負荷において電圧変動率が5％となる50Hz単相変圧器がある．この変圧器を60Hzで動作させ，遅れ力率0.75の定格負荷を加えたときの電圧変動率を求めよ．ただし，50Hzにおけるリアクタンス降下は抵抗降下の8倍とする．
3. 定格出力10kVA，定格電圧のもとでの鉄損が125W，定格出力時の銅損が180Wの単相変圧器がある．以下の諸量を求めよ．
   (1) この変圧器に遅れ力率0.8，出力5kVAの負荷をかけたときの効率
   (2) 最大効率の得られる出力，およびそのときの効率

4. 平衡三相において有効電力の瞬時値が一定となることを示せ.
5. 周波数 50 Hz, 定格一次/二次電圧が 6600 V/200 V, 定格容量 100 kVA の三相変圧器がある. 無負荷損は 500 W, 定格負荷損は 1800 W とする.
   (1) 二次側に力率 1, 80 kW の三相平衡負荷をかけた場合の負荷電流および全損失
   (2) 力率 1, 80 kW の三相平衡負荷をかけた場合の効率

5 　 直 　 流 　 機

　直流機は回転電気機械のなかでも歴史が最も古く，1830年代には原理的な直流発電機や直流モータが試作されている．直流モータは制御が容易なため，作業機械や電車用モータなど，可変速の用途を中心に利用されてきたが，ブラシと整流子という機械的な接触部分を必要とするため保守に問題があり，大容量の分野では交流モータに置きかえられる傾向にある．しかし，取り扱いが容易で安価な小型モータの分野で直流モータの需要は大きく，自動車用電装品，家庭用電気製品，音響機器，OA機器，模型用モータなどさまざまなところで使われている．

　直流発電機は電解や電気めっき，あるいは直流電気鉄道など，直流大電力を必要とする分野で利用されていたが，ダイオードやサイリスタなどの電力用半導体素子を用いた交流-直流変換装置が発達したため，現在は直流電源として使用されることはほとんどない．しかしその原理や特性は回転機を学ぶうえで基本となる点も多い．

　本章では，直流モータおよび直流発電機の原理と構造について述べるとともに，直流モータの運転特性と制御法について説明する．

5.1 　直流機の原理と構造

a. 直流機の原理

　直流モータは，直流磁界中の導体に電流を流すことによって生じる電磁力を利用して回転力を得る．図5.1に直流モータの原理図を示す．N，Sは**界磁極**，Bは磁束密度である．**ブラシ**と**整流子**を通じて導体aからbの向きに電流iを流せば，フレミングの左手の法則$f = i \times B$によって，導体aには下向きの力，導体bには上向きの力が発生して導体は反時計方向に回る．このとき，整流子も導体と一緒に回転するため，N極下の導体には下向きの力，S極

下の導体には上向きの力が常に発生することになり，導体は反時計方向に連続的に回転する．

図5.1において，導体を適当な手段で回転させると発電機になる．すなわち，図5.2のように，導体を反時計方向に回転させると，フレミングの右手の法則 $e=v\times B$（v は導体の速度）によって，導体 a にはこちら向き，b には向こう向きに起電力が生じ，N 極側のブラシから S 極側のブラシに電流が流れる．

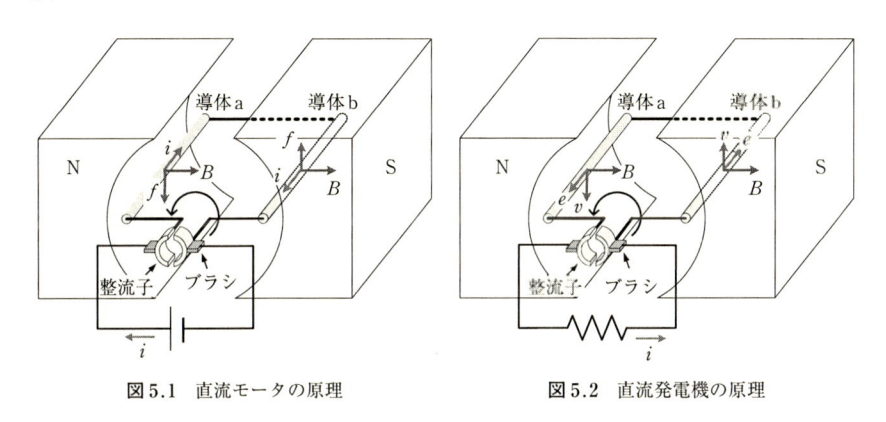

図5.1 直流モータの原理　　　**図5.2** 直流発電機の原理

b. 直流機の構造

図5.3（a）は，直流機の構造をもう少し詳しく描いたものである．一般に，モータでは磁束を発生させる部分を**界磁**，電源から電気エネルギーが供給される部分を**電機子**という．直流モータでは固定子が界磁，回転子が電機子になる．図5.1のように，電機子が導体のみでは磁束密度が低く，発生するトルクも小さいため，通常の回転子は円筒状の積層鉄心に**スロット**（slot）を設けて，これにコイルが納められた構造になっている．これによって固定子磁極と回転子鉄心間の空隙が狭くなり，発生する磁束密度が上がる．電機子のコイルを**電機子巻線**，その電流を**電機子電流**と呼ぶ．

図5.3（a）のように，界磁鉄心に**界磁巻線**を施して直流電流（**界磁電流**）を流すものは巻線界磁形と呼ばれる．これに対して，同図（b）のように，界磁に永久磁石を使用する永久磁石界磁形もある．巻線界磁形直流モータは，巻上機や直流電車など，比較的大型の用途に使用され，永久磁石形直流モータは，構造が簡単で安価なため，小型モータの分野で多用されている．

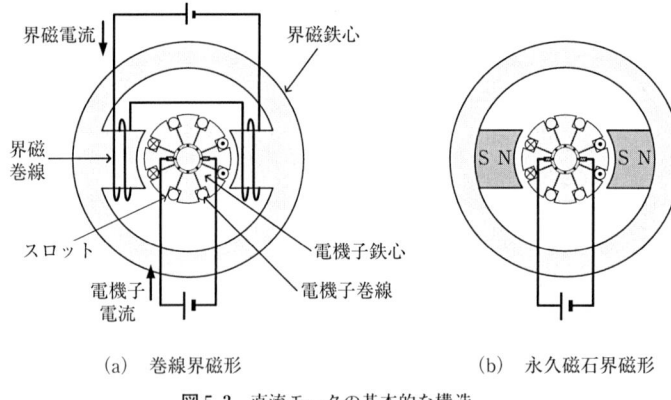

図5.3 直流モータの基本的な構造

(a) 巻線界磁形　　　(b) 永久磁石界磁形

c. 電機子導体起電力

いま，図5.4（a）に示すように，2本の電機子導体が1ターンコイルを形成する2極直流機において，回転子が角速度 ω [rad/s] で反時計方向に回転しているとき，電機子導体に誘導される起電力を考える．N極とS極の中性軸方向を $\theta = 0$ [rad] とすれば，反時計方向の磁束密度分布は，同図（b）の $B(\theta)$ のような波形になる．ここで磁束の向きは，回転子に入る方向を負，回転子から出てくる方向を正としている．磁束密度 B [T] の磁界中を長さ l [m] の導体が速度 v [m/s] で移動すれば，導体には $e = vBl$ [V] の起電力が生じる．

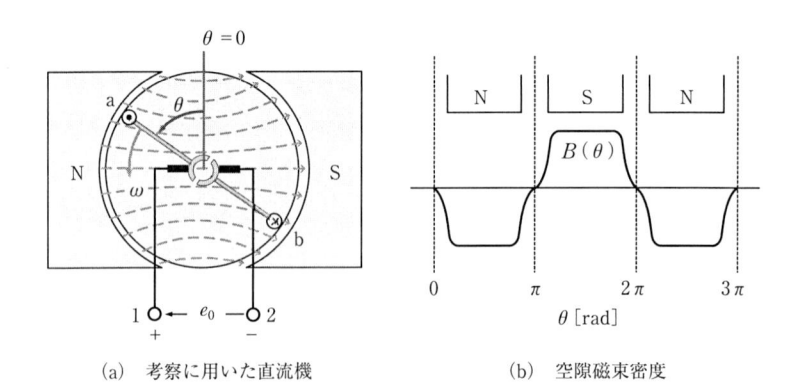

(a) 考察に用いた直流機　　　(b) 空隙磁束密度

図5.4 直流機の磁束密度分布

ここで図 5.5 (a) のように，ω [rad/s] の角速度で回っている回転子の半径を r [m] とすれば，導体の速度は $v=r\omega$ [m/s]（$v=r\omega$ を周辺速度という）なので，導体 a の誘導起電力 e_a [V] は

$$e_a = r\omega Bl \tag{5.1}$$

で与えられる．導体 b の誘導起電力は大きさが同じで向きが反対になる．したがって，ω が一定であれば，電機子導体の誘導起電力は磁束密度と同じ波形になる．図 5.5 (b) の e_a，e_b はそれぞれ導体 a，b の誘導起電力であり，e_0 はブラシ B_1，B_2 から取り出される合成起電力である．図に示すように，電機子導体の誘導起電力は交流であるが，ブラシと整流子で機械的に整流され，出力端子間には直流電圧が得られる．

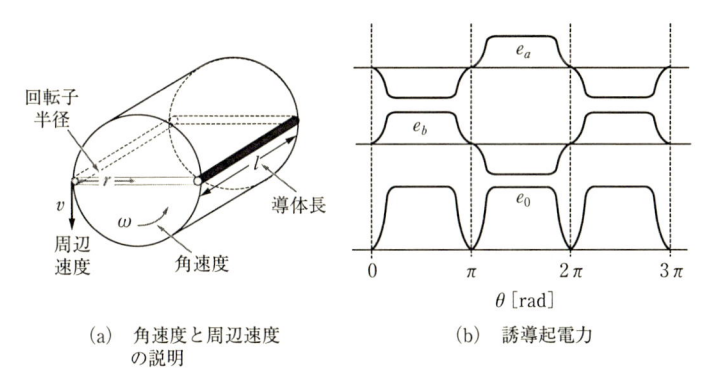

(a) 角速度と周辺速度の説明　　(b) 誘導起電力

図 5.5　直流機の誘導起電力

5.2　電機子巻線法

図 5.5 のように，1 組のコイルでは合成起電力の**脈動（リプル）**が非常に大きくなる．これを改善するために，通常の直流機では回転子のスロット数と導体数を増やしている．このとき，コイルの製作と巻線作業の容易さから，一般には 1 スロットあたり 2 本の導体を納める**二層巻**が採用される．

簡単な例として，図 5.6 に 2 極 4 スロットで二層巻の例を示す．①～④が外側導体，①～④が内側導体である．C_1～C_4 は整流子，B_1，B_2 はブラシを示す．一般にスロット数と整流子数は等しく作られる．図 5.7 は結線図，図 5.8 は電機子巻線の展開図である．回転子が反時計方向に回るとき，N 極側の導

体は手前向き（図5.8では下向き），S極側の導体は向こう向き（図5.8では上向き）に起電力が生じるから，ブラシB_1, B_2間に抵抗を接続すれば，B_1からB_2に向かって電流が流れる．このとき，「ブラシB_2→整流子C_2→導体2→導体$4'$→整流子C_3→導体3→導体$1'$→整流子C_4→ブラシB_1」と，「ブラシB_2→整流子C_2→導体$3'$→導体1→整流子C_1→導体$2'$→導体4→整流子C_4→ブラシB_1」の2回路が形成されていることがわかる．

図5.9において，$e_1, e_1' \sim e_4, e_4'$はそれぞれ電機子導体$1, 1' \sim 4, 4'$の誘導起電力であり，ブラシB_1, B_2間にはこれらの起電力の合成の起電力e_0が得られる．このように，導体ならびにスロット数を増やすことによって，各導体の誘導起電力に位相差が生じ，合成起電力の脈動が低減されることがわかる．

実際の直流機では，さらにスロット数を増やし，極数も4極や6極などの多

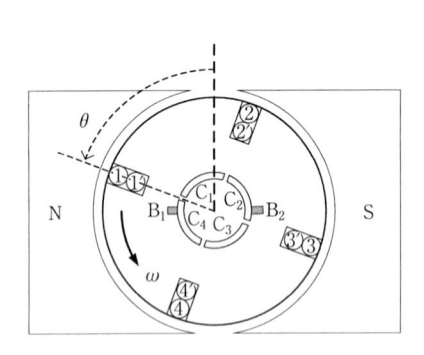

図5.6 2極4スロット，二層巻の例

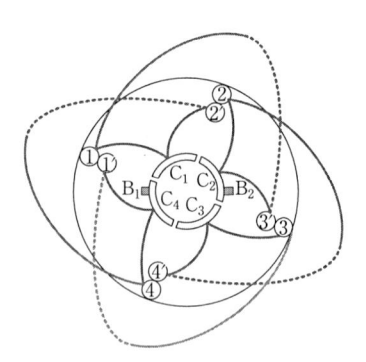

図5.7 結線図

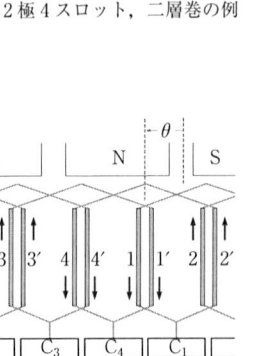

図5.8 電機子巻線展開図

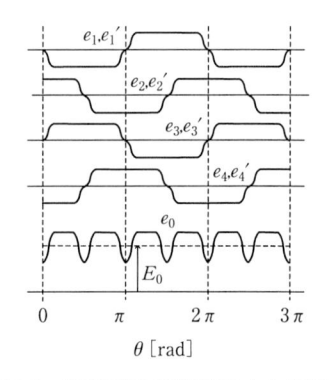

図5.9 電機子導体誘導起電力と合成起電力

極機を使用する．このときの電機子導体の結線には**重ね巻**と**波巻**と呼ばれる結線法がある．

図 5.10 に，4 極 8 スロット重ね巻の場合の結線方法を示す．同図 (a) のように，整流子数は 8，ブラシ数は 4 である．ブラシ B_1 に接触している整流子 1 から，「導体 1 → 導体 3' → 整流子 2 → 導体 2 → 導体 4' → 整流子 3 → ブラシ B_2」と，「導体 2' → 導体 8 → 整流子 8 → 導体 1' → 導体 7 → 整流子 7 → ブラシ B_4」という回路が形成されていることがわかる．ブラシ B_3 に接触している整流子 5 からも同様の回路が形成され，このときの結線図は同図 (b) のようになる．一般に重ね巻の場合，極数を P，電機子巻線の**並列回路数**を $2a$ とすれば，$2a=P$ という関係がある．図 5.10 の場合は $P=4$ 極なので，並列回路数は $2a=4$ である．

図 5.11 に波巻の場合の結線方法を示す．波巻ではブラシは 2 個のみで，ブラシ B_1 と接触している整流子 1 から導体 1 → 導体 3' と，右回りに波状に結線されてブラシ B_2 に接続される回路と，導体 7' → 導体 5 というように左回りに波状に結線されて B_2 に接続される回路が形成される．波巻では極数に関係なく並列回路数は常に $2a=2$ になる．波巻は直列に接続されるコイル数が多くなるので直列巻とも呼ばれ，高電圧小電流の機械に適する．これに対して，重ね巻は並列回路数が多くなるので並列巻とも呼ばれ，低電圧大電流の機械に適する．

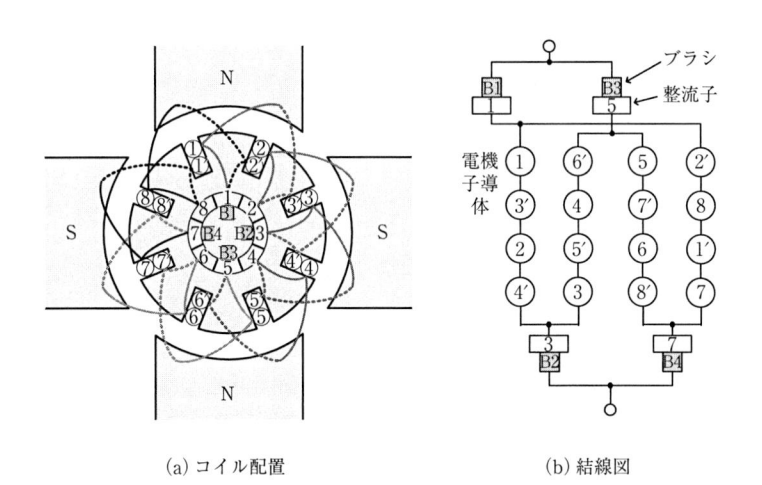

(a) コイル配置　　(b) 結線図

図 5.10 重ね巻の巻線配置

(a) コイル配置　　　　　　(b) 結線図

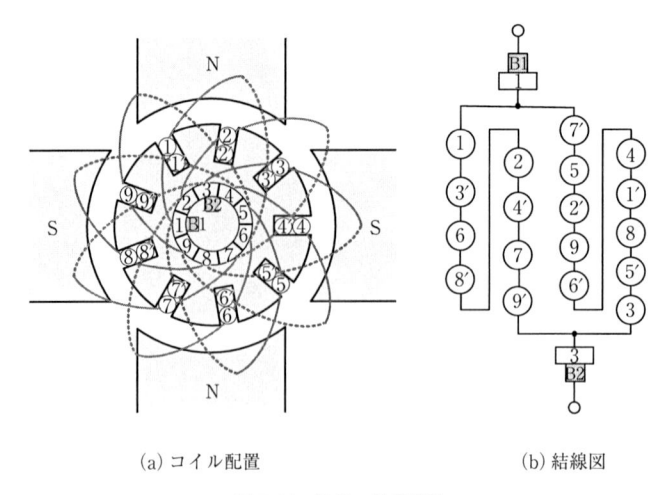

図 5.11　波巻の巻線配置

5.3　誘導起電力とトルク

a. 誘導起電力

いま，極数が P，極対数が $p(=P/2)$，電機子全導体数が Z，並列回路数が $2a$ のときの誘導起電力の平均値を求めてみる．毎極の平均磁束を Φ [Wb] とすると，ギャップの平均磁束密度 B_a [T] は，全磁束をギャップの表面積で割ることによって次式のように得られる．

$$B_a = \frac{P\Phi}{2\pi rl} = \frac{p\Phi}{\pi rl} \tag{5.2}$$

このとき，1 導体あたりの誘導起電力は，(5.1) 式の B に (5.2) 式を代入して，

$$e = r\omega \times \frac{p\Phi}{\pi rl} \times l = \frac{p}{\pi}\Phi\omega \tag{5.3}$$

直列導体数は $Z/2a$ なので，合成起電力の平均値 E_0 [V] は次式で与えられる．

$$E_0 = \frac{Z}{2a} \times \frac{p}{\pi}\Phi\omega = \frac{pZ}{2\pi a}\Phi\omega \tag{5.4}$$

毎秒の回転数を n [s^{-1}] とすれば $\omega = 2\pi n$ [rad/s] なので

$$E_0 = \frac{pZ}{2\pi a}\Phi \times 2\pi n = \frac{pZ}{a}\Phi n = K_1 \Phi n \tag{5.5}$$

を得る．ここで $K_1 = pZ/a$ は直流機の構造で決まる定数である．(5.5)式から，ギャップ磁束が一定の場合，直流機の誘導起電力は回転数に比例することがわかる．

発電機の誘導起電力の向きは電流と同じであるが，モータの誘導起電力は電流と逆向きに生じる．したがって，モータでは誘導起電力を**逆起電力**とも呼ぶ．

b. トルク

図 5.12 において，半径 r[m] の回転体に f[N] の力が働いたときのトルクは $\tau = fr$[N·m] で与えられる．直流モータの場合，電機子導体を流れる電流を i[A]，導体長を l[m] とすれば，磁束密度 B[T] 中で電機子導体に働く力は $f = iBl$[N] となる．極対数 p，毎極の平均磁束が Φ[Wb] のときの平均磁束密度 B_a[T] は (5.2) 式で与えられるので，$f = iBl$ に代入して

$$f = i \times \frac{p\Phi}{\pi rl} \times l = i\frac{p\Phi}{\pi r} \tag{5.6}$$

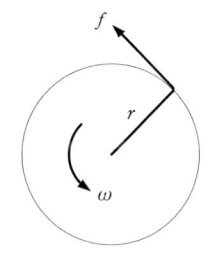

図 5.12　トルクの説明

ここで全電機子電流を I_a[A] とすれば，導体電流は $i = I_a/2a$ なので，導体1本あたりに働く平均トルクは

$$\tau = \frac{I_a}{2a} \times \frac{p\Phi}{\pi r} \times r = \frac{p}{2\pi a}\Phi I_a \tag{5.7}$$

したがって，電機子全導体数が Z の場合の合成トルクの平均値 T[N·m] は

$$T = \frac{pZ}{2\pi a}\Phi I_a = K_2 \Phi I_a \tag{5.8}$$

で与えられる．ここで $K_2 = pZ/2\pi a = K_1/2\pi$ である．(5.8)式から，ギャップ磁束が一定の場合，トルクは電機子電流に比例することがわかる．なお，SI単位系ではトルクの単位は [N·m] であるが，機械系では [kgf·m] が用いられることもある．このときは 1[kgf·m] = 9.8[N·m] によって換算する．

c. 機械出力

図 5.13 のように，モータに機械的負荷が接続され，角速度 ω[rad/s] で回っ

ているとき，モータトルクを $T[\mathrm{N\cdot m}]$ とすれば**機械出力** $P_m[\mathrm{W}]$ は，

$$P_m = \omega T \tag{5.9}$$

で与えられる．一方，損失が無視できるものとすれば，モータの電気入力は $P_e = E_0 I_a$ で与えられる．逆起電力 $E_0 = K_1 \Phi n$ を代入すれば，

$$P_e = K_1 \Phi n I_a = \frac{pZ}{a} \Phi n I_a = \omega \left(\frac{pZ}{2\pi a} \Phi I_a \right) \tag{5.10}$$

となる．上式の括弧内は（5.8）式のトルクに等しいので，$P_e = \omega T = P_m$ が成り立つことがわかる．すなわち，モータの損失が無視できるときは電気入力＝機械出力となる．実際の直流機では，**銅損**（巻線抵抗のオーム損），**鉄損**（鉄心のヒステリシス損と渦電流損），**機械損**（軸受け摩擦損や風損），**ブラシ損**などの諸損失が存在し，電気入力からこれらの損失を引いた電力が機械出力になる．

発電機の場合は，図 5.14 に示すように，エンジンなどの適当な原動機で直流機を回転させれば，原動機から供給される機械エネルギーが電気エネルギーに変換され，機械入力から上記の諸損失を引いた残りが電気出力になる．

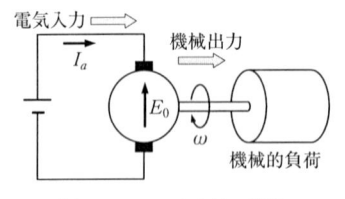

図 5.13　モータ動作の説明

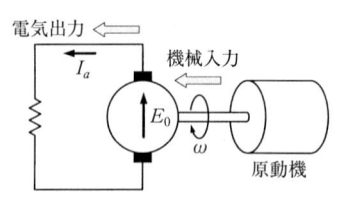

図 5.14　発電機動作の説明

5.4　直流機の励磁方式と電機子反作用

a. 励磁方式

図 5.3（a）に示したように，巻線界磁型直流機では，界磁巻線に直流電流を流して界磁鉄心を磁化する必要がある．界磁電流をどのように与えるかで，直流機の励磁方式は，図 5.15 の 4 種類に分けられる．同図（a）は主電源と別の直流電源から界磁電流を供給する**他励式**，（b）は主巻線に並列に界磁巻線を接続する**分巻式**，（c）は直列に接続する**直巻式**である．（d）は**複巻式**と呼

ばれ，分巻と直巻の双方の界磁巻線を有するものである．励磁方式により動作特性が異なるため，用途に応じた励磁方式が採用される．たとえば直巻方式は，始動トルクが大きく負荷に対して速度が大きく変化するため，電車，クレーン，巻上機などのモータに適する．他励式および分巻式は広範囲に円滑精密な速度制御が可能であるためサーボモータとして使用される．

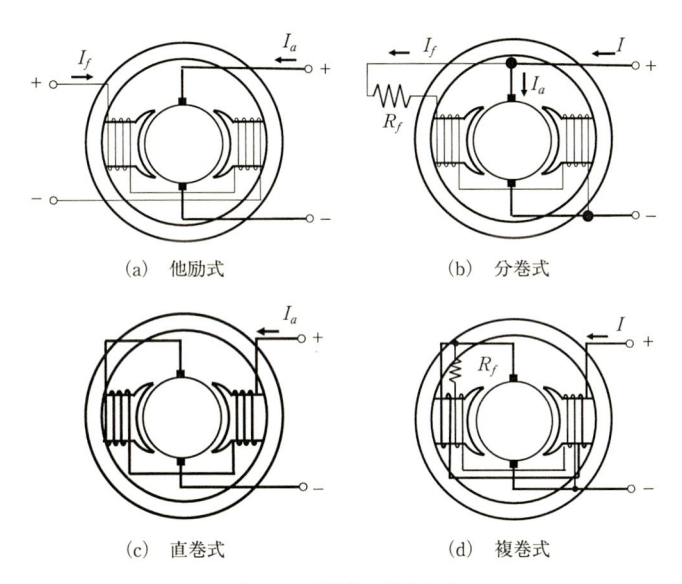

(a) 他励式　　(b) 分巻式　　(c) 直巻式　　(d) 複巻式

図 5.15　直流機の励磁方式

b. 電機子反作用

図 5.16 のように，直流機では回転時に整流子がブラシによって短絡される状態がある．このとき，「導体 4 → 整流子 C_4 → ブラシ B_1 → 整流子 C_1 → 導体 $2'$ → 導体 4」と，「導体 2 → 整流子 C_2 → ブラシ B_2 → 整流子 C_3 → 導体 $4'$ → 導体 2」の 2 つの短絡回路が形成される．これらの導体に起電力が存在すると大きな短絡電流が流れるため，直流機においては，磁束密度がゼロになる N 極と S 極の中間点（これを磁気的中性点という）を導体が通過するときにその整流子が短絡されるような構造にしている．

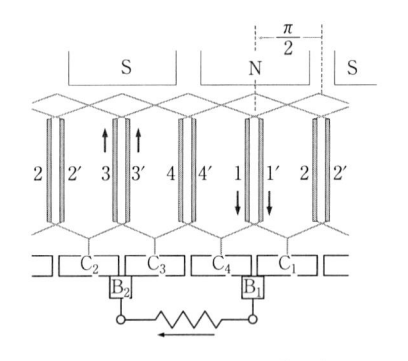

図5.16　$\theta=\pi/2$のときの起電力

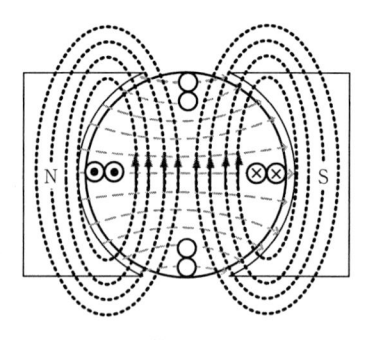

図5.17　電機子電流による磁束

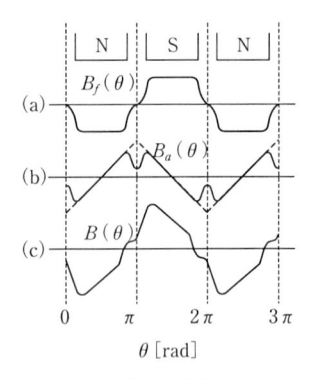

図5.18　負荷時の磁束密度分布

しかし，直流機の電機子巻線に電流が流れると，電機子電流による起磁力が生じて空隙の磁界分布が変化する．すなわち，図5.17に示すように，電機子電流による起磁力は界磁起磁力と直角方向に働き，界磁電流による主磁束と直交する磁束を生じる．図5.18にこのときの磁束密度分布を示す．同図（a）の$B_f(\theta)$は界磁による磁束密度，（b）の破線は電機子電流による起磁力，実線$B_a(\theta)$が磁束密度を示す．同図（c）の$B(\theta)$は，$B_f(\theta)$と$B_a(\theta)$の合成の磁束密度で，負荷時の磁束密度分布は無負荷時と異なったものになることがわかる．このような作用を**電機子反作用**と呼び，図5.17のように，電機子電流起磁力が界磁電流による起磁力と直交する場合を**交差磁化作用**という．

電機子反作用が生じると直流機の空隙磁束密度分布が不均一になり，磁気的中性点も移動する．図5.18（c）に示すように，磁束密度の不均一は磁極の一方を増磁し，他方を減磁する．鉄心の磁気飽和がなければ主磁束の総量は変わらないが，磁気飽和が無視できないときは，増磁作用による磁束の増加が減磁作用による磁束の減少分より小さくなり磁束総量は減少する．すなわち，電機子反作用によって負荷時の空隙磁束は無負荷時より減少する．また，磁気的中性点が移動する結果，ブラシで短絡された導体にも起電力が生じ，これによって大きな短絡電流が流れ，整流作用の悪化や，ブラシおよび整流子の焼損の原

因になる．

　この対策として，図 5.19 に示す**補極**や図 5.20 に示す**補償巻線**が設けられている．補極は磁気的中性軸上で電機子電流による磁束を打ち消すように配置され，補極巻線を電機子巻線と直列に接続することによって，負荷の変動にかかわらず，電機子反作用の影響を打ち消すことができる．補償巻線は界磁極の磁極片部にスロットを設けて巻線を施し，これに電機子電流を流すことによって電機子反作用を打ち消すもので，主に大型の直流機で採用されている．

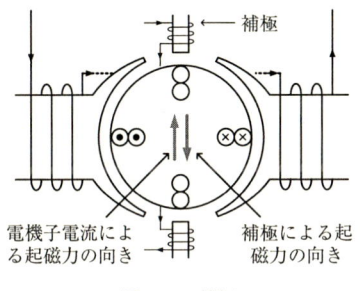

図 5.19　補極

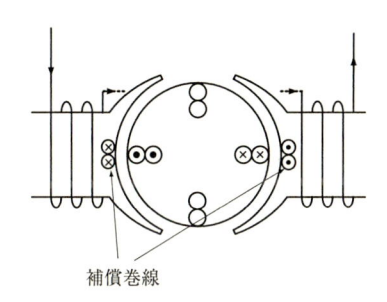

図 5.20　補償巻線

5.5　直流モータの特性

　直流モータの主要な特性曲線は次の 3 種類になる．

　① **速度特性曲線**：電源電圧 V と界磁抵抗 R_f を一定に保ったときの負荷電流 I と回転速度 n（または回転角速度 ω）の関係

　② **トルク特性曲線**：V と R_f を一定に保ったときの負荷電流 I とトルク T の関係

　③ **速度トルク特性曲線**：V と R_f を一定に保ったときのトルク T と回転速度 n の関係

　図 5.21 に直流モータの回路図を示す．電機子抵抗を $R_a[\Omega]$ とすれば

$$V = E_0 + R_a I_a \quad (5.11)$$

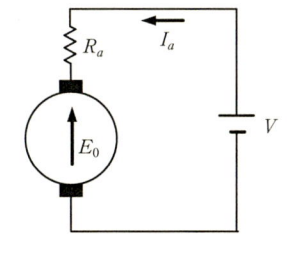

図 5.21　直流モータの回路図

一方，(5.5) 式，(5.8) 式より，誘導起電力 $E_0[\mathrm{V}]$ とトルク $T[\mathrm{N\cdot m}]$ は

$$E_0 = K_1 \Phi n \qquad (5.12)$$
$$T = K_2 \Phi I_a \qquad (5.13)$$

ここで，Φ[Wb] は毎極の平均磁束，n[s^{-1}] は毎秒回転数であり，K_1, K_2 は機器の構造で決まる定数である．以上の式から直流モータの特性曲線が導かれるが，これらの特性曲線は直流機の励磁方式によって異なったものになる．

a. 他 励 式

図 5.22 に他励式直流モータ（他励モータ）の励磁回路を示す．界磁電流を主電源と別の直流電源から供給するので，負荷電流と電機子電流は等しくなり，トルク特性は (5.13) 式で与えられる．また，(5.11) 式と (5.12) 式から E_0 を消去すれば，速度特性が導かれる．

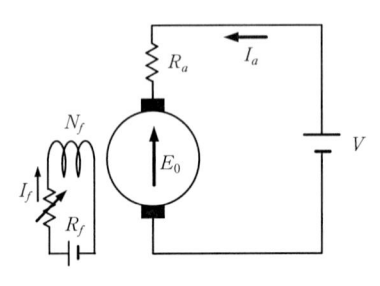

図 5.22 他励式直流モータの回路

$$n = \frac{E_0}{K_1 \Phi} = \frac{V}{K_1 \Phi} - \frac{R_a}{K_1 \Phi} I_a \qquad (5.14)$$

さらに，(5.13) 式と (5.14) 式から I_a を消去すれば速度トルク特性が得られる．

$$n = \frac{V - R_a I_a}{K_1 \Phi} = \frac{V}{K_1 \Phi} - \frac{R_a}{K_1 K_2 \Phi^2} T \qquad (5.15)$$

図 5.23 (a) に速度特性曲線およびトルク特性曲線を示す．n が回転速度，T がトルクである．n_0 は無負荷回転速度で $n_0 = V/K_1 \Phi$ で与えられる．界磁抵抗 R_f が一定で電機子反作用が無視できるときは，空隙磁束 Φ が一定になるので電機子電流の増加に対して回転数は直線的に減少し，トルクは比例的に増加する．電機子反作用が無視できない場合，電機子電流の大きな領域で鉄心の磁気飽和のために空隙磁束が減少し，図中の破線に示すように回転数は上昇し，トルクの増加は緩やかになる．図 5.23 (b) は速度トルク特性曲線である．図には電機子電流の変化も示している．(5.15) 式からもわかるように，電機子反作用が無視できるときは，回転数はトルクの増加に対して直線的に減少する．電機子反作用が無視できないときは，破線のように回転数はわずかに上昇する．

(a) 速度特性曲線とトルク特性曲線
(b) 速度トルク特性曲線

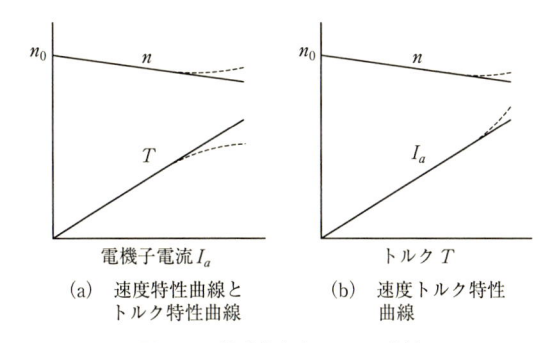

図 5.23 他励式直流モータの特性

b. 分　巻　式

図 5.24 に分巻式直流モータ（分巻モータ）の励磁回路を示す．主回路に並列に界磁巻線が接続されるため，モータの負荷電流 $I=I_a+I_f$ となるが，一般に $I_f \ll I_a$ であり，負荷電流と電機子電流はほぼ等しいと考えてよい．したがって，電源電圧 V と界磁回路抵抗 R_f が一定のときの分巻式直流モータの特性は他励式と大略一致する．

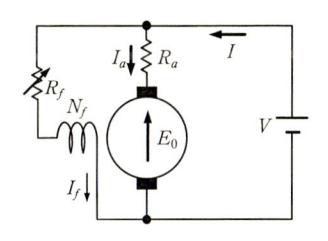

図 5.24 分巻式直流モータの回路

他励式ならびに分巻式直流モータは，負荷の増加に対して回転数が低下するが，一般に R_a は小さいので，他励および分巻モータは負荷の変化に対して回転数の変動が少ない定速度モータと考えてよい．

c. 直　巻　式

図 5.25 に示すように，直巻式直流モータ（直巻モータ）では電機子電流が界磁電流となる．したがって，負荷が変化したときに空隙磁束も変化する．いま，界磁巻線からみた磁気回路の磁気特性が線形で，その磁気抵抗を R_g [A/Wb] とすれば，

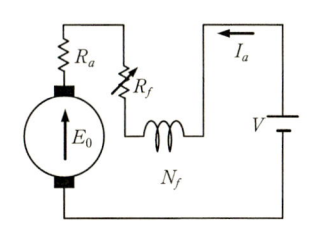

図 5.25 直巻式直流モータの回路

$N_f I_a = R_g \Phi$ という関係が成り立つ．これを (5.13) 式と (5.14) 式に代入すれば，

$$T=\frac{K_2 N_f}{R_g}I_a^2=k_t I_a^2 \tag{5.16}$$

$$n=\frac{R_g}{K_1 N_f}\left(\frac{V}{I_a}-R_a\right)=\frac{1}{k_n}\left(\frac{V}{I_a}-R_a\right) \tag{5.17}$$

ここで，$k_t=K_2 N_f/R_g$，$k_n=K_1 N_f/R_g$ である．また，(5.16) 式と (5.17) 式から I_a を消去すれば，

$$n=\frac{\sqrt{k_t}}{k_n}\frac{V}{\sqrt{T}}-\frac{R_a}{k_n} \tag{5.18}$$

図 5.26 (a) に，直巻モータの速度特性曲線とトルク特性曲線，同図 (b) に速度トルク特性曲線を示す．直巻モータは，速度が負荷トルクあるいは電機子電流の大きさによって著しく変化する変速度電動機として動作する．(5.18) 式から電機子抵抗が小さいときは $T \propto 1/n^2$ となる．このような特性を一般に直巻特性と呼んでいる．これに対して，図 5.23 のような特性を分巻特性と呼ぶこともある．また，(5.18) 式で $T=0$（無負荷）とすると $n=\infty$ になる．これは，直巻モータでは無負荷で運転すると回転数が著しく上昇することを意味し，場合によっては機器の破損につながる．したがって，直巻モータにおいては常に負荷を接続しておく必要がある．

直巻モータは始動トルクが大きいので，従来から電車用やクレーン用電動機に用いられている．

(a) 速度特性曲線とトルク特性曲線

(b) 速度トルク特性曲線

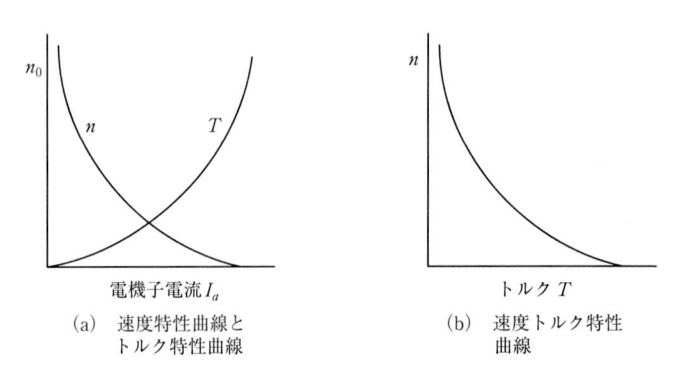

図 5.26　直巻式直流モータの特性

d. 複巻式

複巻式直流モータ（複巻モータ）は，図5.27のように，分巻界磁巻線 N_{f1} と直巻界磁巻線 N_{f2} を有するため，分巻特性と直巻特性の合成された特性になる．このとき，N_{f1} と N_{f2} のそれぞれの巻線電流による磁束が同方向になる**和動複巻**と逆方向になる**差動複巻**がある．

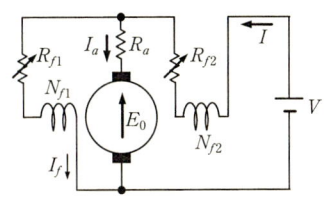

図 5.27 複巻式直流モータの励磁回路

図 5.28 (a) に速度特性曲線を示す．和動複巻の場合には電機子電流に対して速度は減少するが，差動複巻の場合には電機子電流によって生じる磁束が分巻界磁巻線電流による磁束を打ち消すため，電機子電流の増加に対して回転数は上昇する．同図 (b) はトルク特性曲線である．分巻ではトルクは電機子電流に比例し，直巻は電機子電流の 2 乗に比例する．したがって，和動複巻の場合はこれらの中間的な特性になり，差動複巻の場合には電機子電流に対してトルクが頭打ちになる．

(a) 速度特性曲線　　(b) トルク特性曲線

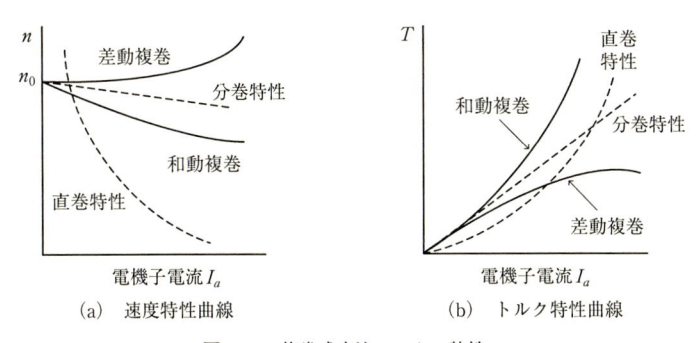

図 5.28 複巻式直流モータの特性

5.6 直流発電機の特性

図 5.29 に直流発電機の回路を示す．このときの回路方程式は

$$V = E_0 - R_a I_a \tag{5.19}$$

となる．誘導起電力は (5.12) 式と同一であるから，

$$V = K_1 \Phi n - R_a I_a \tag{5.20}$$

　他励式の場合は界磁電流を独立に制御できるので，回転数が一定で界磁電流をパラメータとしたときの発電機の負荷特性は図5.30のようになる．界磁電流を増やすと空隙磁束が増加するので，誘導起電力も上昇する．他励式の場合は負荷電流＝電機子電流なので，負荷電流の増加に対して，出力端子電圧は $R_a I_a$ だけ減少する．他励式直流発電機は可変直流電源として利用された時代もあるが，現在はダイオードやサイリスタなど半導体デバイスによって，交流電力を容易に直流電力に変換できるので，直流機が発電機として使われることはほとんどない．

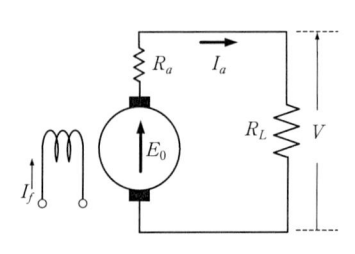

図5.29　直流発電機（他励式）の回路図 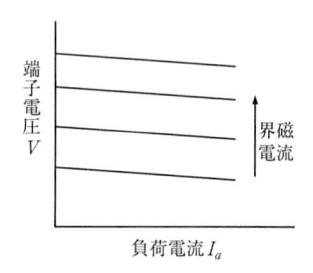　　図5.30　他励直流発電機の負荷特性

5.7　直流モータの制御

a.　他励式直流モータの速度制御
他励モータの速度トルク特性は次式で表される．

$$n = \frac{V}{K_1 \Phi} - \frac{R_a}{K_1 K_2 \Phi^2} T \tag{5.21}$$

これより，速度制御には電機子抵抗 R_a，界磁磁束 Φ，電源電圧 V を変えればよいことがわかる．

（1）　抵抗制御
　電機子回路に直列に可変抵抗を入れて，等価的に電機子抵抗 R_a を変える方法である．図5.31 に電機子回路抵抗を変えた場合の速度トルク特性曲線を示す．図の実線 T_M がモータトルクで，破線 T_L が負荷トルクを示す．モータトルク曲線と負荷トルク曲線の交点が定常回転時の動作点なので，電機子回路抵

抗を増加させれば，実線と破線の交点に従って回転数は減少する．この方法は簡便であるが挿入抵抗による損失が生じる．また，負荷トルクの小さい領域では抵抗を変えてもモータの回転速度はそれほど変化しないという欠点がある．

（2） 界磁制御

図 5.32 に界磁制御の場合の速度トルク特性曲線を示す．図のように，界磁電流を増やせば磁束が増えるので無負荷回転数 $n_0 = V/K_1\Phi$ は下がる．速度トルク特性曲線の傾きは $R_a/K_1K_2\Phi^2$ で決まるので，磁束 Φ が大きくなると傾きは小さくなる．界磁制御では負荷トルクにかかわらず広範囲な速度制御が可能になる．また，界磁電流は電機子電流に比べて小さいため制御損失も少なくてすみ，簡便で比較的損失の少ない制御法といえる．欠点としては，界磁電流を上げたときに鉄心の磁気飽和の影響を受けること，界磁電流を下げたときに界磁磁束が減少し電機子反作用の影響を受けやすくなることである．

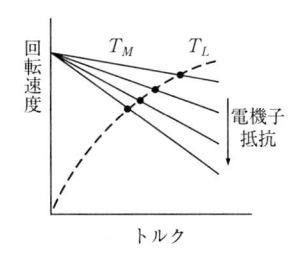

図 5.31 抵抗制御

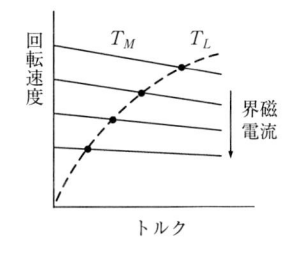

図 5.32 界磁制御

（3） 電圧制御

可変直流電源で電源電圧 V を変える方法である．V を上げれば無負荷回転数 $n_0 = V/K_1\Phi$ は上昇する．電圧制御では磁束は一定なので，速度トルク特性曲線の傾きは変化しない．したがって図 5.33 に示すように，速度トルク特性曲線は，電源電圧を変えると並行に移動する．他励式の場合は磁束 Φ が一定に保たれるので，界磁制御のように鉄心の磁気飽和や電機子反作用の問題もない．電圧制御は，電力損失が小さく広範囲で安定な制御が可能なため，直流モータの制御に最も適するといえる．使用する可変直流電源には次のような種類がある．

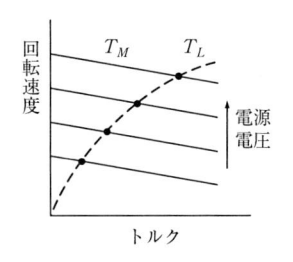

図 5.33 電圧制御

ワードレオナード方式　電圧制御として古くから用いられている方式で，図 5.34 に示すように，直流発電機 DG の界磁電流 I_{fg} によって直流モータ DM

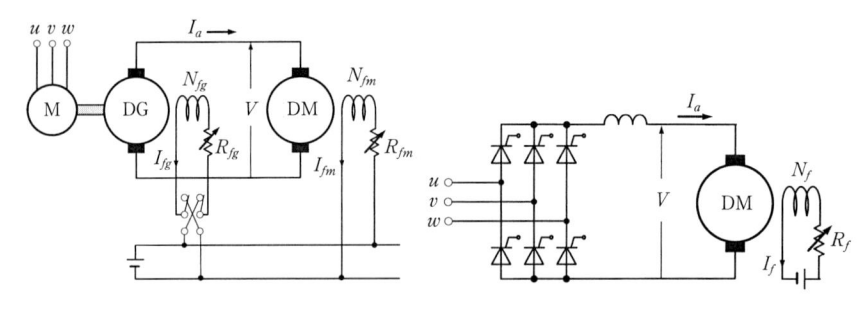

図 5.34 ワードレオナード方式　　　　図 5.35 静止レオナード方式

の電源電圧を調整する方式である．直流発電機の駆動モータ M には三相の誘導モータか同期モータが使用される．現在は，以下に述べるように，直流発電機の代わりに半導体電力変換器を使うのが普通である．

静止レオナード方式　　図 5.35 に示すように，駆動用電動機と直流発電機をサイリスタ整流器に置きかえた方式を静止レオナード方式という．本方式では，サイリスタ整流器の位相制御によって直流電圧 V を変えるもので，制御装置にはワードレオナード方式のような可動部分がないため，保守が容易で装置も小型化される．サイリスタ整流器は，電力損失が小さく高効率であり，大容量化も容易なため，直流モータの制御だけではなくさまざまな分野で利用されている．

直流チョッパ方式　　サイリスタ整流器の代わりに直流チョッパを用いる方法である．直流チョッパは直流電源から可変の直流電圧を得る装置で，回路の一例を図 5.36 (a) に示す．図において Tr はトランジスタ，D はダイオードであり，トランジスタを適当な周期でオン・オフすることにより，パルス状の電圧 v が直流モータに印加される．トランジスタがオン時の電機子電流は直流電源から供給され，オフ時にはダイオードを通って還流する．同図 (b) の v と i_a は，このときの印加電圧と電機子電流である．トランジスタのスイッチング周期を T，トランジスタがオンの時間を T_{on} としたとき，$\alpha = T_{on}/T$ を時比率といい，モータの印加電圧平均値は $E = \alpha E_d$ で変化する．時比率 α が大きいほどモータの印加電圧平均値が上昇して電機子電流も増加する．したがってトランジスタのオン・オフの時間を調整し，時比率を変えればモータの印加電圧と電機子電流が制御される．

5.8 直流モータの過渡特性

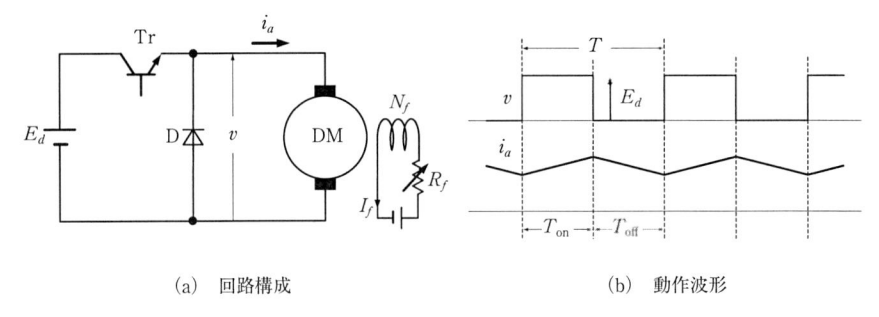

(a) 回路構成　　　(b) 動作波形

図 5.36　直流チョッパ制御

b. 分巻式および直巻式直流モータ

分巻および直巻モータの速度制御も基本的には他励式と同様であるが，分巻モータでは界磁巻線が主電源に並列に接続されるので，電源電圧を増加させると界磁電流も増加して回転速度はあまり変化しない．したがって分巻モータに電圧制御は適用されない．

5.8　直流モータの過渡特性

a. 過渡特性の基本式

5.5 節のモータ特性や 5.7 節の制御特性は，モータの定常状態あるいは変化の緩やかな準定常状態での特性である．負荷トルクが急変したときや，モータ始動時の特性は，運動方程式をもとに計算する必要がある．また，電機子電流や界磁電流の変化が速いときは，それぞれの巻線インダクタンスも考慮する必要がある．

いま，図 5.37 に示した直流モータにおいて，界磁電圧 v_f および界磁電流 i_f は一定とする．電機子巻線のインダクタンスを L_a，電機子抵抗を R_a とすれば，

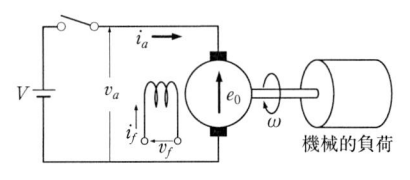

図 5.37　直流モータによる負荷駆動

$$L_a \frac{di_a}{dt} + R_a i_a + e_0 = v_a \tag{5.22}$$

負荷トルクを T_L,機械的負荷も含めた全慣性モーメントを J とすれば,次の運動方程式が成り立つ.ここで r_m は軸摩擦などの機械損失を与える摩擦係数である.

$$J\frac{d\omega}{dt}+r_m\omega=T_M-T_L \quad (5.23)$$

直流モータでは,速度起電力とトルクは次式で表すことができる.

$$e_0=K_1\Phi n=\frac{pZ}{2\pi a}\Phi\omega=K\omega \quad (5.24)$$

$$T_M=Ki_a \quad (5.25)$$

ここで,$K=pZ\Phi/2\pi a$ である.(5.25) 式を (5.23) 式に代入すれば次式を得る.

$$J\frac{d\omega}{dt}+r_m\omega=Ki_a-T_L \quad (5.26)$$

これらの式から求めた直流モータのブロック図を図 5.38 に示す.図 5.39 は,無負荷で電源電圧 v_a を加え,定常回転に達した後に負荷トルク T_L をステップ状に加えたときの回転角速度 ω と電機子電流 i_a の計算例である.

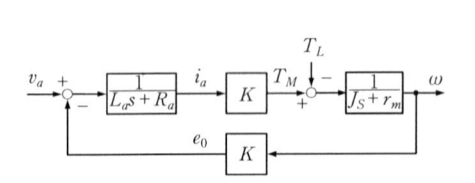

図 5.38 動特性モデルのブロック図

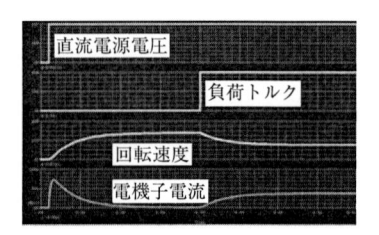

図 5.39 過渡特性の計算例

b. 始動電流の改善方法

一般に直流モータの電機子抵抗とインダクタンスは小さいため,図 5.39 に示したように,モータ始動時にはかなり大きな電流が流れる.定格電圧を印加して始動させたときには,定格電流の数十倍の始動電流が流れることがあり,モータの焼損や,過大な発生トルクによる電機子コイルおよび連結負荷の破損の原因になる.このため,直流モータでは次のような方法によって始動電流を定格電流の 1〜2 倍に制限している.

(1) 抵抗始動法

始動時に電機子回路に抵抗を挿入して始動電流を制限する方式で，この目的に使用される可変抵抗器を**始動抵抗器**，これに切り替え装置や保護装置を組み合わせたものを始動器と呼んでいる．

(2) 低電圧始動法

始動時に電圧を下げて始動電流を制限する方法で，次のような方法がある．

直並列始動 たとえば電車のように複数の直流モータを使用する場合，定常運転時には直流モータを並列に接続して使用するが，始動時には直列接続に切り替えることによって直流モータに印加される電圧を下げ，始動電流を低減させる方法である．

直流チョッパ方式 直流モータの速度制御で説明した直流チョッパは，直流電圧をゼロから連続的に変えることができるので，始動電流の抑制も可能である．たとえばモータの逆起電力は回転数に比例するので，回転数に応じてチョッパの供給電圧を変えれば，電機子電流 I_a をほぼ一定に保ちながら始動させることもできる．直流チョッパは損失も少ないため，非常に効率のよい始動と制御が実現できる手法である．

演 習 問 題

1. 直流機の励磁方式を4種類あげ，それぞれの励磁方式について簡単に説明せよ．
2. 直流機の電機子反作用について簡単に説明せよ．
3. 極数6，電機子全導体数300，毎極の磁束 0.02 Wb，回転速度 300 min^{-1} で運転されている直流発電機の誘導起電力を求めよ．ただし電機子巻線は重ね巻きとする．
4. 問3の発電機をモータとして運転し，毎極の磁束 0.02 Wb，回転速度 300 min^{-1}，電機子電流 20 A のとき，発生するトルクおよび機械出力を求めよ．ただしモータの損失は無視できるものとする．
5. 直流他励モータがある．端子電圧 215 V，電機子電流 50 A，電機子全抵抗 0.1 Ω である．1500 min^{-1} で回転させたときの発生トルクを求めよ．
6. 直流分巻モータがある．電圧 V，電機子抵抗 r_a，界磁抵抗 r_f で，全負荷電流 I を流したときの回転数は n である．このモータの電機子回路に抵抗 R を挿入し，同一トルクに対して速度を 1/2 に降下させたい．挿入する抵抗 R の値を求

めよ．

7. 直流直巻モータがある．供給電圧を 525 V，電流 50 A のとき，回転数は 1500 min^{-1} であった．供給電圧を 400 V に減じ，同一トルクの負荷を運転したとすると回転数はいくらになるか．ただしモータの電機子巻線および界磁巻線の全抵抗は 0.5 Ω とする．

8. 110 V の電源電圧で運転している直巻モータがある．定格トルクのもとでは，電機子電流 100 A で回転速度は 1800 min^{-1} であった．負荷トルクが 1/2 に低下した場合の電機子電流および回転速度を求めよ．ただし電機子回路抵抗は 0.1 Ω で磁気特性は線形とする．

9. 電機子抵抗が 0.1 Ω の直流分巻発電機がある．回転速度が 1500 min^{-1}，端子電圧が 110 V のときの電機子電流は 100 A であった．この発電機を分巻モータとして使用し，端子電圧 110 V で運転したところ電機子電流は 80 A であった．このときの回転数を求めよ．ただし電機子反作用の影響は無視する．

10. 他励式直流モータの基本的な制御方式を 3 種類あげ，それぞれの制御方式の特徴を簡単に説明せよ．

11. ワードレオナード方式について知るところを述べよ．

12. 図 5.38 では直流モータをブロック図で表したが，電気的等価回路で表わすこともできる．(5.22) 式，(5.24) 式，(5.26) 式をもとに直流モータの電気的等価回路を導け．また，電機子インダクタンスと摩擦が無視できるときの無負荷始動電流と角速度の式を求めよ．

6 同 期 機 I

　交流回転機は同期機と誘導機に大別される．同期機には回転界磁型と回転電機子形があるが，発電機やモータとして利用されるのは主に回転界磁型である．回転界磁形同期機の回転子は磁石になっていて，回転子を回せば固定子巻線に誘導起電力が生じる．これが同期発電機で，誘導起電力の周波数と回転子の回転数の間には一定の関係がある．同期発電機は効率が高く大容量化も容易なため火力や原子力などの大型発電所に適用される．

　同期機の固定子巻線に三相交流電流を流せば回転磁界が生じる．同期モータは回転磁界と回転子間の吸引力を利用するもので，回転磁界と回転子の回転数は等しくなる．回転界磁形同期モータは，鉄鋼圧延用モータや産業機械の駆動源など，比較的大容量のモータとして使われることが多い．

　本章では，同期発電機の原理と構造，および運転特性について説明する．同期モータについては次章で述べる．

6.1 同期発電機の原理と構造

a. 原　　理

　図 6.1 に三相同期発電機の原理的な構造を示す．固定子鉄心にはスロットが施され巻線が納められている．図の (a,a′)，(b,b′)，(c,c′) がそれぞれ a 相，b 相，c 相のコイルになる．回転子鉄心にも巻線が施され，スリップリングとブラシを通じて外部から直流電流を流す．同期機においても磁束を発生させる部分を界磁，電気-機械エネルギー変換を行う部分を電機子と呼ぶ．図 6.1 の同期発電機は回転界磁形と呼ばれ，固定子が電機子，回転子が界磁になる．

　図 6.2 は原動機も含めた三相同期発電機の基本構成である．界磁巻線に直流電流を流し，適当な原動機で回転子を回せば電機子巻線に誘導起電力が生じる．図 6.3 は電機子巻線の誘導起電力であり，e_a, e_b, e_c がそれぞれ a 相，b

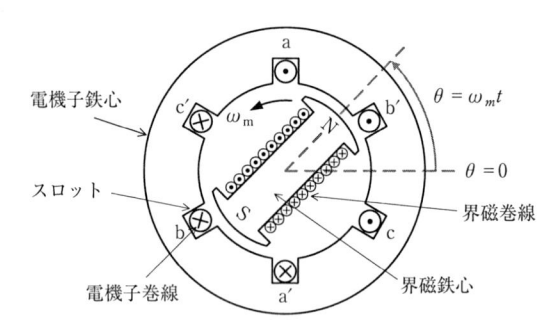

図 6.1 三相同期発電機の原理的な構造

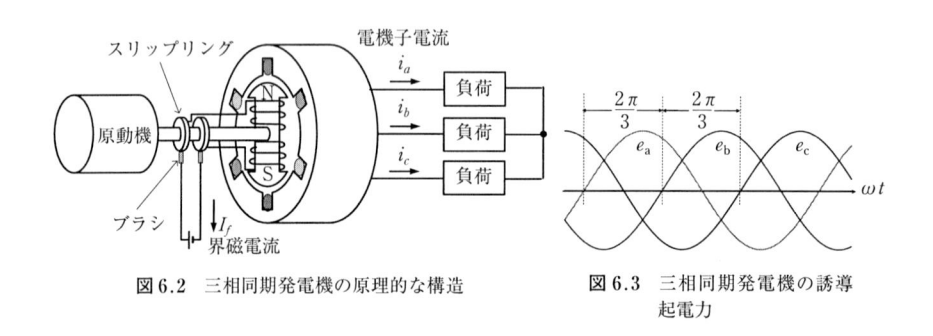

図 6.2 三相同期発電機の原理的な構造

図 6.3 三相同期発電機の誘導起電力

相, c 相の起電力を示す.

図 6.1 のように, 回転子の NS 極が 1 対の場合を 2 極と呼び, 回転子の毎秒の回転数 $n\,[\mathrm{s}^{-1}]$ と周波数 $f\,[\mathrm{Hz}]$ の間には $f=n$ の関係がある. 図 6.4 に 4 極の回転子と 1 相分の電機子巻線を示す. 2 組のコイル (a_1, a_1') と (a_2, a_2') を直列に接続して 1 相分の電機子巻線とする. 回転子が 1 回転すると NS 極が 2 度コイルを通過するので出力周波数は $f=2n\,[\mathrm{Hz}]$ になる. 一般に極数を P, 極対数を $p\,(=P/2)$ とすれば, 回転数と周波数の間には次の関係が成立する.

$$f = pn \qquad (6.1)$$

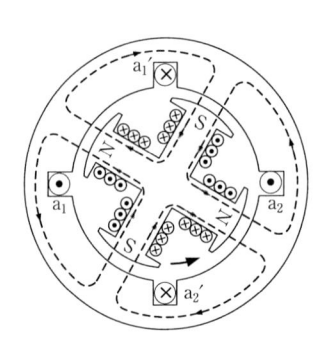

火力および原子力発電では原動機として蒸気タービン, 水力発電では水車が使用され, 発電機の出力周波数は 50 [Hz] あるいは 60 [Hz] である. タービン発電機は高速回転に適するた

図 6.4 4 極同期発電機 (電機子巻線は 1 相分)

め，一般に発電機の極数は2極，回転数は3000[min^{-1}]（50[Hz]の場合）あるいは3600[min^{-1}]（60[Hz]の場合）で運転される．一方，水車発電機の回転数はたかだか数百[min^{-1}]程度なので，(6.1)式からわかるように50[Hz]もしくは60[Hz]の周波数を得るためには極数を増やす必要がある．このような理由で，水車発電機では，図6.5 (a)に示すように，多極化に有利な**突極形回転子**が使用される．これに対してタービン発電機は回転数が高いので，空気抵抗の大きい突極形は不利になり，図6.5 (b)に示すような2極の回転子が使用される．このような回転子を**非突極形回転子**または**円筒形回転子**と呼ぶ．

(a) 突極形（16極の例）

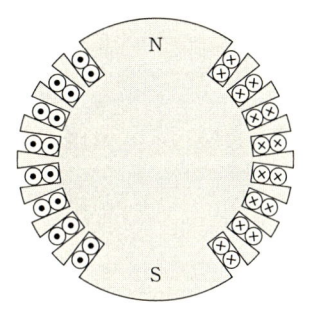

(a) 非突極形（円筒形）

図6.5 回転子形状

b. 回転界磁形と回転電機子形

上記の同期発電機は，回転界磁形であるが，同期機の場合は固定子が界磁，回転子が電機子という回転電機子形と呼ばれる構造も可能である．図6.6はその一例で，固定子巻線に直流電流を流して回転子を回せば回転子巻線に交流電圧が誘起する．回転子巻線は回転子軸に直結したスリップリングに接続され，ブラシを通じて外部回路に接続される．図6.6は単相の場合であるが，電機子に三相分の巻線を配置すれば三相交流が得られる．

一般に同期機は大容量の用途が多く，電機子には交流の高圧大電流特性が要求される．これに対して界磁巻線電圧は直流低電圧ですむ．回転電機子形同期機は，スリップリングとブラシを有するため耐圧と電流容量に限界がある．また三相では電機子の構造も複雑になり，絶縁および通電の問題もある．したがって，大容量の同期機はほ

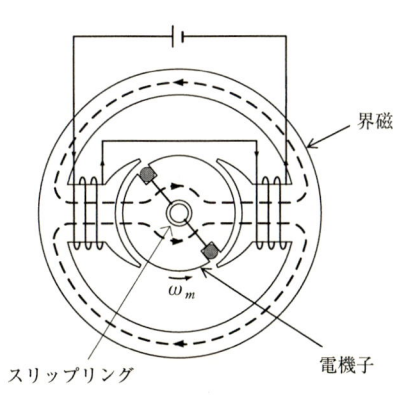

図6.6 回転電機子形同期機の構造
（電機子巻線は1相分）

とんどが回転界磁形である．以下では回転界磁形同期機を対象とする．なお回転電機子形同期機と直流機の構造は，スリップリングと整流子の違いを除けば同じであり，同期機と直流機は直流磁界を利用してエネルギーの変換を行うという点で基本原理は同じといえる．

6.2 同期発電機の誘導起電力

a. 集中巻の場合

図 6.1 のように，毎極毎相のコイル辺を 1 つのスロット内に納める巻き方を**集中巻**という．いま，回転子が角速度 ω_m [rad/s] で反時計方向に回転するときに電機子巻線に生じる起電力を求めてみる．図 6.7 は同期発電機の a 相巻線の中心軸方向を $\theta=0$ として周方向に展開したものである．図の a, a′ が a 相の電機子導体を示している．界磁によって作られる磁束密度の θ 方向分布を正弦波とすれば，磁束密度 $B(\theta, t)$ は次式で表すことができる．ここで B_m [T] は磁束密度の振幅である．

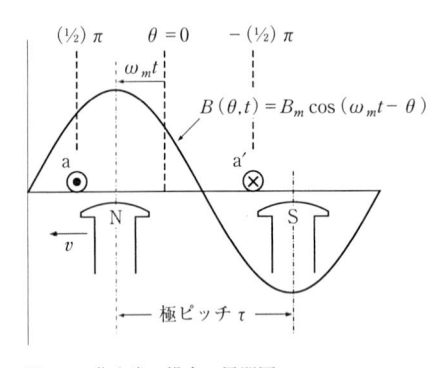

図 6.7　集中巻の場合の展開図

$$B(\theta, t) = B_m \cos(\omega_m t - \theta) \tag{6.2}$$

回転子半径を r [m]，回転子長を l [m] とすれば，a 相巻線の鎖交磁束は，

$$\phi = \int_{-\pi/2}^{\pi/2} lrB(\theta, t)d\theta = (2lrB_m)\cos \omega_m t \tag{6.3}$$

と求められるので，電機子巻線の巻数を N とすれば a 相巻線の誘導起電力は，

$$e_a = -N\frac{d\phi}{dt} = (2lrB_m)\omega_m N\sin \omega_m t \tag{6.4}$$

多極機の場合の磁束密度は，極対数 p を用いて

$$B(\theta, t) = B_m \cos p(\omega_m t - \theta) \tag{6.5}$$

と表されるので，鎖交磁束と誘導起電力は次式のように計算される．

$$\phi = \int_{-\pi/2p}^{\pi/2p} lrB(\theta, t)d\theta = \left(\frac{2lrB_m}{p}\right)\cos p\omega_m t \tag{6.6}$$

$$e_a = -N\frac{d\phi}{dt} = \left(\frac{2lrB_m}{p}\right)p\omega_m N\sin p\omega_m t \qquad (6.7)$$

これらの式のように，同期機や誘導機などの交流機では，回転数が等しくとも極数によって周波数が異なるため，機械角に対して次のように電気角が定義されている．

$$\text{電気角} = \text{極対数} \times \text{機械角}$$

電気角で表した角速度を ω とすれば，$\omega = p\omega_m$ となるので，誘導起電力は

$$e_a = \omega N \Phi_m \sin \omega t \qquad (6.8)$$

ここで $\Phi_m = 2lrB_m/p$ [Wb] は毎極の磁束である．b 相および c 相の誘導起電力はそれぞれ e_a より $2\pi/3$ [rad]，$4\pi/3$ [rad] 位相が遅れる．誘導起電力の実効値を E_0，周波数を f [Hz]，毎秒回転数を n [s^{-1}] とすれば，

$$E_0 = \frac{\omega N \Phi_m}{\sqrt{2}} = 4.44 f N \Phi_m \qquad (6.9)$$

$$f = \frac{\omega}{2\pi} = \frac{p\omega_m}{2\pi} = pn \qquad (6.10)$$

(6.8)～(6.10) 式のように，電気角を使うことによって極数に無関係に起電力や周波数を同一の式で表すことができるため，回転機の動作を統一的に扱うのに便利である．

b. 分布巻と短節巻

図6.7では θ 方向の磁束密度分布を正弦波とみなしたが，直流機と同様に実際の磁束密度分布は方形波に近くなる．直流機では電圧脈動が低減されるので方形波のほうが好都合であるが，同期発電機では正弦波出力が要求される．このため，同期機では分布巻と短節巻と呼ばれる電機子巻線法によって出力電圧の高調波を低減している．

（1） 分布巻

分布巻は毎極毎相のスロット数が2以上で電機子巻線は分散して巻かれる．図6.8に毎極毎相のスロット数が3の場合の分布巻のコイル配置を示す．図においてコイル (a_1, a_1')，(a_2, a_2')，(a_3, a_3') を直列に接続してa相巻線とする．回転子の回転に対してこれらのコイルの誘導起電力はスロットピッチで決まる位相差が生じる．スロットのピッチ角を α [rad]，コイル (a_1, a_1')，(a_2, a_2')，(a_3, a_3') の誘導起電力をそれぞれ e_{a1}，e_{a2}，e_{a3} とする．図6.9はコイルの

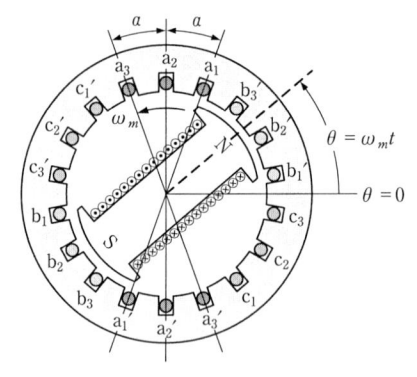

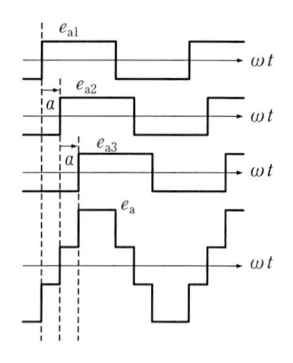

図 6.8　分布巻の場合の巻線配置　　　図 6.9　分布巻の場合の誘導起電力

誘導起電力と，その合成で与えられる a 相の起電力 e_a の概略の波形を示す．コイル起電力が $\alpha[\mathrm{rad}]$ の位相差を有するため，相電圧は階段状の波形になり，正弦波に近づくことがわかる．

相電圧の高調波含有率はピッチ角 α で変化し，ピッチ角 α はスロット数に依存する．いま，電機子巻線を分布巻にした場合と集中巻にした場合の起電力の比を**分布巻係数**と定義する．一般に相数を m，毎極毎相のスロット数を q とすれば，基本波および第 ν 高調波に対する分布巻係数 k_d および $k_{d\nu}$ は次式で与えられる．

$$k_d = \frac{\sin(\pi/2m)}{q\sin(\pi/2mq)}, \quad k_{d\nu} = \frac{\sin(\nu\pi/2m)}{q\sin(\nu\pi/2mq)} \tag{6.11}$$

図 6.10 にスロット数に対する分布巻係数の変化を示す．これを見るとスロ

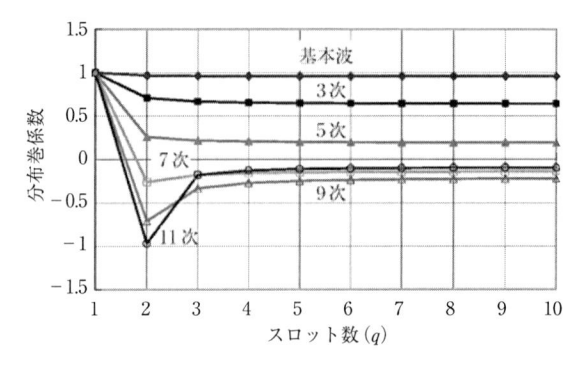

図 6.10　スロット数と分布巻係数の関係

ット数を増やせば高調波が急速に減少することがわかる．通常の三相同期発電機では $q=3\sim7$ 程度に設定される．

（2） 短節巻

図 6.11 に短節巻の場合の巻線配置を示す．極ピッチと巻線ピッチが等しい場合を全節巻と呼ぶのに対して，短節巻は巻線ピッチが極ピッチより短い．図 6.12 に導体 a, a′ の誘導起電力 e_a, e_a'，およびこれらの合成起電力の波形を示す．短節巻の場合の巻線ピッチと極ピッチの比を β （$\beta<1$）とすれば，e_a と e_a' 間に $(1-\beta)\pi$ の位相差が生じる．したがって，これらの合成起電力も階段状の波形になり，正弦波に近づくことになる．

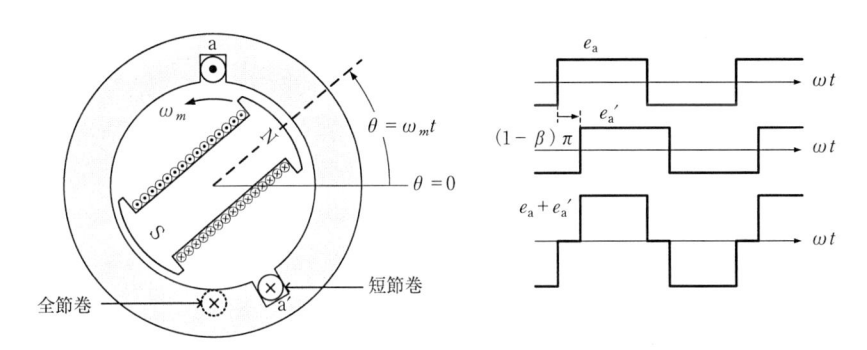

図 6.11 短節巻の場合の巻線配置

図 6.12 短節巻の場合の誘導起電力

いま，短節巻にした場合と全節巻にした場合の起電力の比を**短節巻係数**と定義すれば，基本波ならびに第 ν 調波に対する短節巻係数は，次式で与えられる．

$$k_p = \sin\frac{\beta\pi}{2}, \qquad k_{p\nu} = \sin\frac{\nu\beta\pi}{2} \tag{6.12}$$

図 6.13 に β に対する短節巻係数の変化を示す．高調波の次数によって最適な β は異なるが，三相の場合は 3 次，9 次，15 次など 3 の倍数調波はキャンセルされて線間電圧には現れないので，通常は第 5 調波と第 7 調波が減少するように $\beta=5/6=0.833$ 程度に設定される．

分布巻で短節巻の場合の誘導起電力の実効値は，

$$E_0 = 4.44 f k_w N \Phi_m \tag{6.13}$$

となる．ここで

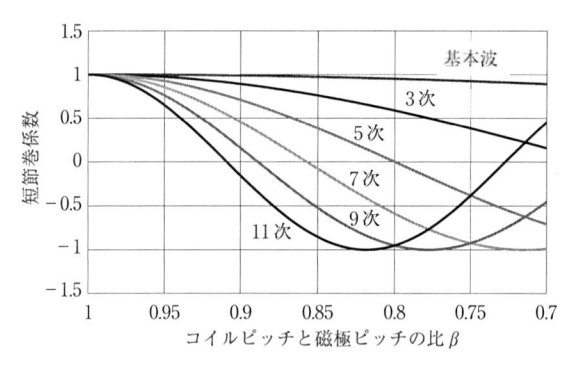

図6.13 β に対する短節巻係数の変化

$$k_w = k_d \times k_p \tag{6.14}$$

を**巻線係数**と呼ぶ．

6.3 同期発電機の電機子反作用

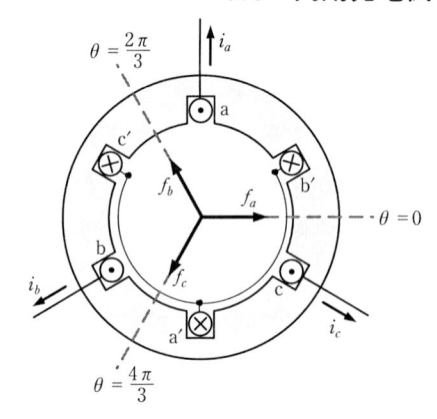

図6.14 電機子電流による起磁力

a. 電機子電流による磁界

同期発電機に負荷が接続されると電機子巻線に三相交流電流が流れる．いま，図6.14に示すようにa相巻線の中心軸方向を $\theta=0$ とすれば，回転子が一定の角速度 ω_m [rad/s]で回転しているときの誘導起電力は次式のように表される．ここで $E_0 = 4.44 f k_w N \Phi_m$ である．

$$\begin{aligned} e_a &= \sqrt{2} E_0 \sin \omega_m t \\ e_b &= \sqrt{2} E_0 \sin \left(\omega_m t - \frac{2\pi}{3}\right) \\ e_c &= \sqrt{2} E_0 \sin \left(\omega_m t - \frac{4\pi}{3}\right) \end{aligned} \tag{6.15}$$

電機子電流の位相は負荷力率に依存する．いま，誘導起電力に対する電機子電流の位相遅れ角を γ [rad]とすれば，巻線電流は次式で表される．

6.3 同期発電機の電機子反作用

$$i_a = \sqrt{2}\,I_a \sin(\omega_m t - \gamma)$$
$$i_b = \sqrt{2}\,I_a \sin\left(\omega_m t - \gamma - \frac{2\pi}{3}\right) \quad (6.16)$$
$$i_c = \sqrt{2}\,I_a \sin\left(\omega_m t - \gamma - \frac{4\pi}{3}\right)$$

これらの電流による起磁力の θ 方向分布は台形波に近くなるが，前節で述べたように分布巻と短節巻を採用すれば高調波は低減されるので，以下では巻線電流による起磁力は正弦波とみなす．各相の巻線は空間的に 120° 位相に配置されるので，電機子電流 i_a, i_b, i_c による起磁力 f_a, f_b, f_c は，

$$f_a = \sqrt{2}\,NI_a \sin(\omega_m t - \gamma)\cos\theta$$
$$f_b = \sqrt{2}\,NI_a \sin\left(\omega_m t - \gamma - \frac{2\pi}{3}\right)\cos\left(\theta - \frac{2\pi}{3}\right) \quad (6.17)$$
$$f_c = \sqrt{2}\,NI_a \sin\left(\omega_m t - \gamma - \frac{4\pi}{3}\right)\cos\left(\theta - \frac{4\pi}{3}\right)$$

と表される．ここで N は電機子巻数である．これらの合成起磁力を求めると次式が得られる．

$$F_a(\theta, t) = \frac{3\sqrt{2}\,NI_a}{2}\sin(\omega_m t - \gamma - \theta) \quad (6.18)$$

(6.18) 式は，電機子電流による起磁力が θ 方向に回転子と同じ角速度で回転

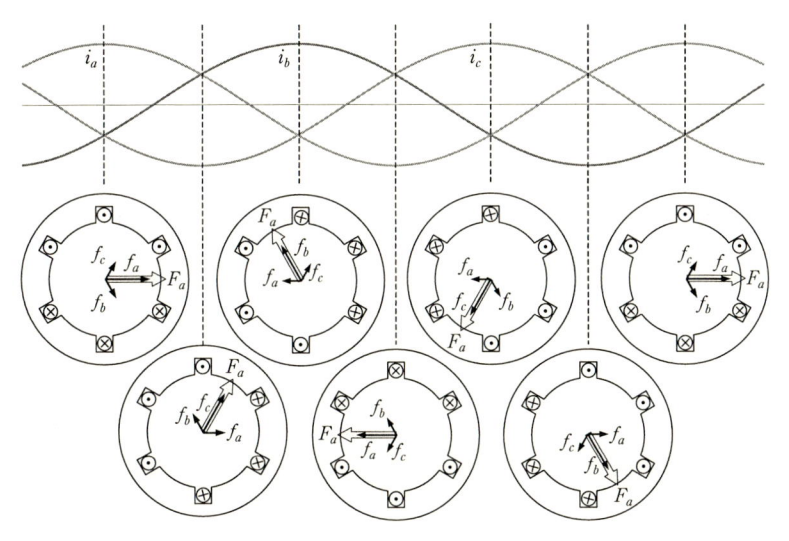

図 6.15 回転子と合成起磁力の関係

する磁界を形成することを示している．図 6.15 は電機子電流起磁力とその合成起磁力を模式的に描いたもので，合成起磁力 F_a が θ 方向に回転していることがわかる．

回転磁界の回転数は同期速度と呼ばれ，(6.1) 式から，多極機の場合も含めて次のような式で与えられる．

$$n_s = \frac{f}{p} \quad [\mathrm{s}^{-1}]$$
$$N_s = \frac{60f}{p} = \frac{120f}{P} \quad [\mathrm{min}^{-1}] \qquad (6.19)$$
$$\omega_s = 2\pi n_s = \frac{2\pi f}{p} = \frac{\omega}{p} \quad [\mathrm{rad/s}]$$

ここで p は極対数，P は極数，ω は誘導起電力の角周波数である．ω_s は同期速度を角速度で表したもので，同期角速度と呼んでいる．後述の同期モータは電機子巻線に三相交流電流を流して回転磁界を発生させ，回転磁界と回転子間の吸引力を利用して回転力を得るものである．

b．電機子反作用

前節で述べたように，同期発電機に負荷が接続されると電機子電流による回転磁界が生じ回転子と同じ速度で回転する．その結果，空隙磁束は回転子による磁界と回転磁界の合成されたものになる．電機子電流によって空隙磁束が影響を受けることを直流機と同様に**電機子反作用**と呼んでいる．直流機の場合の電機子反作用は，界磁起磁力に対して電機子電流起磁力が常に直交する交差磁化作用になるが，同期発電機では負荷力率によって電機子電流の位相が変わるので，電機子反作用の影響も異なったものになる．

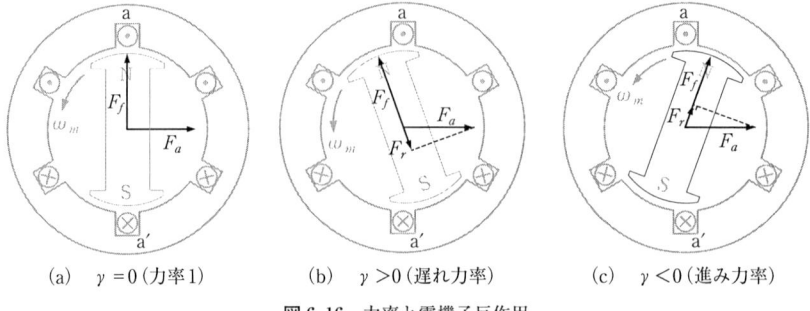

(a) $\gamma = 0$ (力率 1)　　(b) $\gamma > 0$ (遅れ力率)　　(c) $\gamma < 0$ (進み力率)

図 6.16　力率と電機子反作用

図 6.16 (a) に，$\gamma=0$ における界磁起磁力 F_f と電機子電流起磁力 F_a の関係を示す．このときの電機子電流起磁力は界磁起磁力に直交する．抵抗負荷の場合がほぼこの状態になる．同図 (b) は $\gamma>0$ の場合で，誘導性負荷がこれに相当する．電機子電流の位相が遅れるため，回転子が a 相導体を通過してから電機子電流が最大になる．図の F_r は電機子電流起磁力の界磁方向成分を示す．これは界磁起磁力 F_f に対して反対方向になり界磁磁束を弱める．図 (c) は $\gamma<0$ の場合で，容量性負荷がこれに相当する．電機子電流の位相が進むため，回転子が a 相導体を通過する前に電機子電流が最大になる．このとき F_r は界磁起磁力と同方向になり界磁磁束を強める．図 (a)，(b)，(c) の場合をそれぞれ**交差磁化作用，減磁作用，増磁作用**と呼ぶ．交差磁化作用の場合は界磁方向成分 F_r はゼロになるが，F_f と F_a の合成起磁力が偏移するため突極形回転子では磁気飽和によって磁束が少し減少する．

6.4　ベクトル図と等価回路

図 6.17 に，a 相電流が最大になる時刻における同期発電機の空間ベクトル図を示す．図において，$\dot{F}_f$ は界磁起磁力，$\dot{F}_a$ は電機子電流起磁力，$\dot{F}$ はこれらの合成起磁力である．$\dot{I}_a$ は電機子電流，$\dot{E}_0$ は無負荷誘導起電力を示している．空隙磁束は合成起磁力と主に空隙の磁気抵抗で決まる．したがって，回転子が円筒形か突極形で空隙磁気抵抗が違うため，空隙磁束も異なってくる．

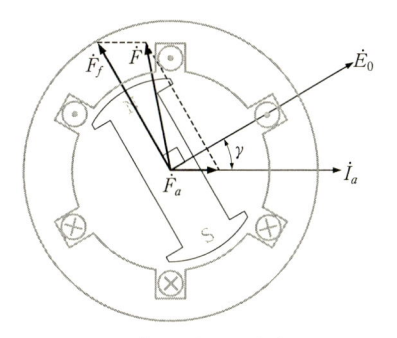

図 6.17　電機子反作用を考慮したベクトル図

a. 非突極機の場合

円筒形回転子では空隙長が一定のため，磁気抵抗は回転子の位置角によらず一定である．したがって空隙磁束を $\dot{\phi}$，界磁起磁力による磁束を $\dot{\phi}_f$，電機子電流起磁力による磁束を $\dot{\phi}_a$（これを電機子反作用磁束という）とすると，$\dot{\phi}=\dot{\phi}_f+\dot{\phi}_a$ の関係が成り立つ．無負荷誘導起電力は $\dot{E}_0=-j\omega N\dot{\phi}_f$ で与えられるので，負荷時誘導起電力 $\dot{E}_a$ は

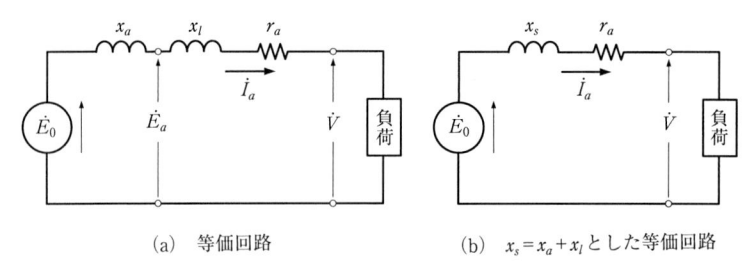

(a) 等価回路　　　(b) $x_s = x_a + x_l$ とした等価回路

図 6.18　同期発電機の等価回路

$$\dot{E}_a = -j\omega N\dot{\phi} = -j\omega N\dot{\phi}_f - j\omega N\dot{\phi}_a = \dot{E}_0 - j\omega N\dot{\phi}_a \tag{6.20}$$

磁気抵抗をRとすれば，$N\dot{I}_a = R\dot{\phi}_a$ から (6.20) 式は次のように表される．

$$\dot{E}_a = \dot{E}_0 - j\omega N\dot{\phi}_a = \dot{E}_0 - j(\omega N^2/R)\dot{I}_a = \dot{E}_0 - jx_a\dot{I}_a \tag{6.21}$$

ここで $x_a = \omega N^2/R$ である．(6.21) 式から電機子反作用の影響がリアクタンス x_a によって等価的に表されることがわかる．この x_a を**電機子反作用リアクタンス**と呼ぶ．

この他に同期発電機の内部インピーダンスとして漏れ磁束に起因する漏れリアクタンスと電機子巻線抵抗が存在するので，1相あたりの等価回路は図 6.18 (a) のようになる．図の x_l が漏れリアクタンス，r_a が電機子抵抗である．ここで $x_s = x_a + x_l$ とおけば等価回路は図 6.18 (b) のようになる．x_s を**同期リアクタンス**，$\dot{Z}_s = r_a + jx_s$ を**同期インピーダンス**という．このときの回路方程式は，次式のように表される．

$$\dot{V} = \dot{E}_0 - \dot{Z}_s\dot{I}_a = \dot{E}_0 - (r_a + jx_s)\dot{I}_a \tag{6.22}$$

図 6.19 に非突極形同期発電機の詳細なベクトル図を示す．図において φ は端子電圧 V と電機子電流 I_a の位相差で負荷の力率角に相当する．δ は無負荷

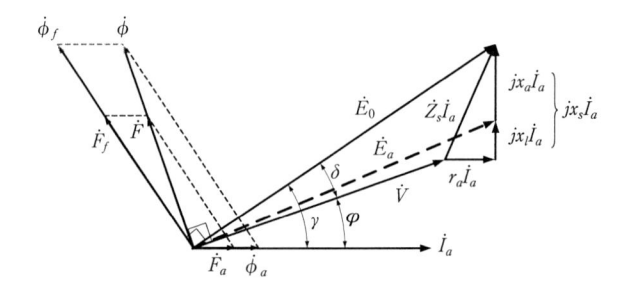

図 6.19　同期発電機（非突極機）の詳細なベクトル図

誘導起電力 $\dot{E}_0$ と端子電圧 $\dot{V}$ の位相差で，**負荷角**あるいは**内部相差角**と呼ばれる．電機子抵抗 r_a と漏れリアクタンス x_l が無視できるとき，負荷時誘導起電力 $\dot{E}_a$ は端子電圧 $\dot{V}$ と一致するので，負荷角 δ は近似的に界磁起磁力 $\dot{F}_f$ と合成起磁力 $\dot{F}$ との空間的な位相差に等しい．したがって，同期機の負荷角は合成起磁力の形成する回転磁界と回転子の間の空間的な開き角にほぼ等しいといえる．

b. 突極機の場合

突極機では回転子の磁極方向のギャップが小さいので磁気抵抗も小さいが，直角方向はギャップが広く磁気抵抗も大きくなる．その結果，電機子電流 $\dot{I}_a$ と電機子反作用磁束 $\dot{\phi}_a$ の位相は一致しない．このような場合には，図 6.20 に示すように，電機子電流を磁極方向の直軸（d 軸）成分 $\dot{I}_d$ と直角方向の横軸（q 軸）成分 $\dot{I}_q$ に分けて考えればよい．直軸方向の空隙磁気抵抗を R_d，横軸方向の空隙磁気抵抗を R_q とすれば，$\dot{\phi}_a$ の直軸成分 $\dot{\phi}_d$ と横軸成分 $\dot{\phi}_q$ は次式で与えられる．

$$\dot{\phi}_d = \dot{F}_d/R_d = N\dot{I}_d/R_d, \quad \dot{\phi}_q = \dot{F}_q/R_q = N\dot{I}_q/R_q \tag{6.23}$$

ここで，$\dot{\phi}_a = \dot{\phi}_d + \dot{\phi}_q$ であるから，負荷時誘導起電力 $\dot{E}_a$ は無負荷誘導起電力 $\dot{E}_0$ から電機子反作用分の起電力を差し引いて，

$$\begin{aligned}\dot{E}_a &= \dot{E}_0 - j\omega N\dot{\phi}_a = \dot{E}_0 - j\omega N\dot{\phi}_d - j\omega N\dot{\phi}_q \\ &= \dot{E}_0 - j\frac{\omega N^2}{R_d}\dot{I}_d - j\frac{\omega N^2}{R_d}\dot{I}_q\end{aligned} \tag{6.24}$$

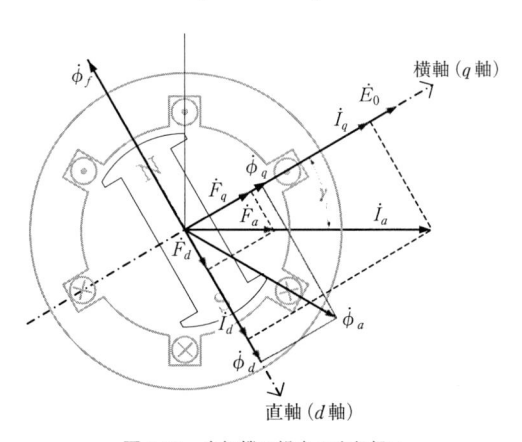

図 6.20　突極機の場合の取り扱い

ここで $x_{ad}=\omega N^2/R_d$, $x_{aq}=\omega N^2/R_q$ とおけば

$$\dot{E}_a=\dot{E}_0-jx_{ad}\dot{I}_d-jx_{aq}\dot{I}_q \tag{6.25}$$

と表される．x_{ad} と x_{aq} はそれぞれ直軸電機子反作用リアクタンスおよび横軸電機子反作用リアクタンスと呼ばれる．

出力端子電圧は負荷時誘導起電力から電機子抵抗と漏れリアクタンスによる電圧降下を引いて

$$\dot{V}=\dot{E}_a-(r_a+jx_l)\dot{I}_a=\dot{E}_a-r_a(\dot{I}_d+\dot{I}_q)-jx_l(\dot{I}_d+\dot{I}_q) \tag{6.26}$$

で与えられる．(6.25) 式を代入して整理すると，

$$\dot{V}=\dot{E}_0-\{r_a+j(x_{ad}+x_l)\}\dot{I}_d-\{r_a+j(x_{aq}+x_l)\}\dot{I}_q \tag{6.27}$$

(6.27) 式において $x_d=x_{ad}+x_l$, $x_q=x_{aq}+x_l$ とおけば，

$$\dot{V}=\dot{E}_0-(r_a+jx_d)\dot{I}_d-(r_a+jx_q)\dot{I}_q=\dot{E}_0-r_a\dot{I}_a-jx_d\dot{I}_d-jx_q\dot{I}_q \tag{6.28}$$

これより，突極形同期発電機のベクトル図は図 6.21 のように表される．

さらに，(6.28) 式に $\dot{I}_q=\dot{I}_a-\dot{I}_d$ を代入すれば，突極機の回路方程式が次のように求められる．

$$\dot{V}=\dot{E}_0-(r_a+jx_q)\dot{I}_a-j(x_d-x_q)\dot{I}_d \tag{6.29}$$

このように，電機子反作用を直軸分と横軸分に分けて取り扱う方法をブロンデルの2反作用法という．リアクタンス x_d, x_q はそれぞれ**直軸同期リアクタンス**および**横軸同期リアクタンス**と呼ばれている．

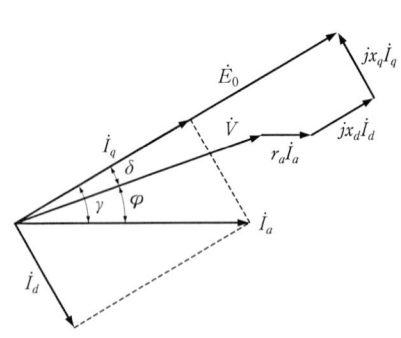

図 6.21 突極機のベクトル図

6.5 同期発電機の特性

a. 出 力

（1）非突極機

相電圧を V, 電機子電流を I_a, 負荷力率角を φ とすれば，出力（1相）は次式で与えられる．

$$P_e=VI_a\cos\varphi \tag{6.30}$$

図 6.19 の非突極機のベクトル図から主要なものだけ取り出して描いたベクトル図を図 6.22 に示す．図において，$\alpha=\tan^{-1}(x_s/r_a)$ とすれば，次の関係が

成り立つ.

$\overline{AB} = E_0 \sin \delta = Z_s I_a \sin(\alpha - \varphi)$

$\overline{OB} = E_0 \cos \delta = Z_s I_a \cos(\alpha - \varphi) + V$

第1式に$\sin \alpha$, 第2式に$\cos \alpha$を乗じて加えれば,

$E_0 \cos(\alpha - \delta) = Z_s I_a \cos \varphi + V \cos \alpha$

よって (6.30) 式は次式のように表すことができる.

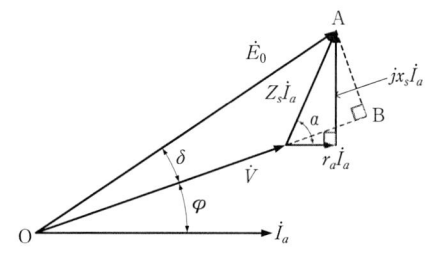

図6.22 非突極形同期発電機のベクトル図

$$P_e = \frac{VE_0}{Z_s}\cos(\alpha - \delta) - \frac{V^2}{Z_s}\cos \alpha \tag{6.31}$$

一般に, 同期機において$x_s \gg r_a$なので, $r_a = 0$とすれば$\alpha = \pi/2$, $Z_s = x_s$より, 1相あたりの出力は次式で表される.

$$P_e = \frac{VE_0}{x_s}\sin \delta \tag{6.32}$$

(6.32) 式から非突極機の出力は負荷角δの正弦に比例することがわかる. 無負荷時は$\delta = 0°$であり, 負荷とともにδが増加し$\delta = 90°$で最大出力になる.

(2) 突極機

突極機の場合は, 図6.21のベクトル図において$r_a = 0$とすれば, $E_0 = V \cos \delta + x_d I_d$, $x_q I_q = V \sin \delta$という関係が成立するので,

$$I_d = (E_0 - V \cos \delta)/x_d, \quad I_q = V \sin \delta / x_q \tag{6.33}$$

図6.21から$I_d = I_a \sin \gamma$, $I_q = I_a \cos \gamma$なので, 1相あたりの出力は

$$P_e = VI_a \cos \varphi = VI_a \cos(\gamma - \delta) = VI_a(\cos \gamma \cos \delta + \sin \gamma \sin \delta)$$
$$= V(I_q \cos \delta + I_d \sin \delta) \tag{6.34}$$

I_d, I_qに (6.33) 式を代入すれば, 次式を得る.

$$P_e = \frac{VE_0}{x_d}\sin \delta + \frac{V^2(x_d - x_q)}{2x_d x_q}\sin 2\delta \tag{6.35}$$

上式の括弧内第2項は回転子の突極性によって発生する出力である. このときの出力曲線は図6.23のようになる. 突極機では$\delta = 60 \sim 70°$付近で出力が

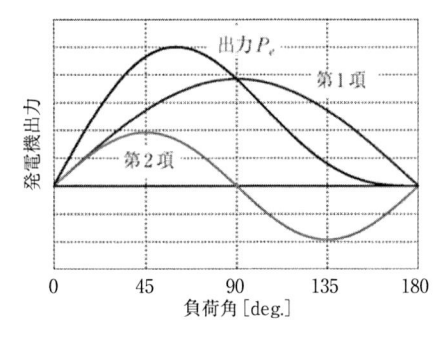

図6.23 突極機の出力曲線

b. 無負荷飽和曲線と短絡曲線

同期発電機の特性算定には無負荷飽和曲線と短絡曲線が基本となる．**無負荷飽和曲線**とは，定格速度（同期速度）で運転している同期発電機の電機子を開放し，界磁電流をゼロから増加させたときの電機子端子電圧 E_0（無負荷誘導起電力）と界磁電流 I_f の関係である．図 6.24 の曲線 OM が無負荷飽和曲線を示す．界磁電流を増加させていくと鉄心の磁気飽和が生じ，誘導起電力の増加が緩やかになる．図中の直線 $\overline{ac}$ は，誘導起電力が V のときの磁束を通すために必要な起磁力に対応する界磁電流である．界磁電流の小さい線形領域では鉄心の透磁率が高く界磁起磁力はほとんどギャップ（空隙）で消費される．したがって無負荷飽和曲線の接線 OG と直線 $\overline{ac}$ との交点を b とすると，$\overline{ab}$ はギャップに磁束を通すために必要な界磁電流であり，$\overline{bc}$ は飽和した鉄心に磁束を通すために必要な界磁電流を表す．飽和の程度を表すために次式のような飽和係数が用いられる．

$$\sigma = \frac{\overline{bc}}{\overline{ab}} \tag{6.36}$$

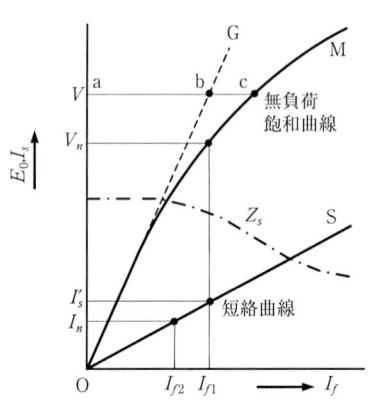

図 6.24 無負荷飽和曲線と短絡曲線

短絡曲線は三相短絡曲線とも呼ばれ，同期発電機の三相出力端子を短絡状態として，定格速度（同期速度）で運転したときの界磁電流 I_f と電機子電流 I_s との関係である．図 6.24 の曲線 OS が短絡曲線を示す．同期リアクタンスに比べて電機子抵抗は非常に小さいため，このときの電流はほぼ 90° 遅れ位相となり，電機子反作用は完全な減磁作用になる．したがって磁束は飽和せず短絡曲線はほぼ直線になる．

短絡時には $E_0 = Z_s I_s$ なので，無負荷飽和曲線と短絡曲線から図 6.24 の一点鎖線に示すように同期インピーダンス Z_s が求められる．鉄心の飽和特性のため同期インピーダンスは一定にならないが，特性算定には E_0 が定格相電圧 V_n に等しいときの Z_s を使うことが多い．実測などで電機子抵抗 r_a を求めれ

ば，同期リアクタンスは $x_s = \sqrt{Z_s^2 - r_a^2}$ から計算される．

図 6.24 において，無負荷飽和曲線上で定格電圧 V_n を発生させるのに必要な界磁電流を I_{f1}，短絡曲線上で定格電機子電流を発生させるのに必要な界磁電流を I_{f2} として，これらの比を**短絡比**と定義する．すなわち，

$$K_s = \frac{I_{f1}}{I_{f2}} \tag{6.37}$$

I_{f1} に対応する短絡曲線上の電流を I_s' とすれば，$V_n = Z_s I_s'$ なので，

$$K_s = \frac{I_{f1}}{I_{f2}} = \frac{I_s'}{I_n} = \frac{V_n/I_n}{V_n/I_s'} = \frac{Z_{rate}}{Z_s} = \frac{1}{z_s[\mathrm{pu}]} \tag{6.38}$$

と変換され，「短絡比は単位法（per unit）で表した同期インピーダンスの逆数に等しい」という関係が得られる．ここで**単位法**とは電圧，電流，電力，インピーダンスなどの諸量をそれぞれの基準値に対する比で扱う方法である．基準値としては，通常は定格電圧および定格電流が選ばれる．(6.38) 式では，$Z_{rate} = V_n/I_n$ が基準値になっている．

短絡比の大きい機械は，電機子反作用リアクタンスが小さいことを意味する．そのためには電機子巻線の巻数を少なくして界磁磁束を大きく取ることが必要になり，巻線に比べて鉄心の占める割合が大きくなる．このような機械を一般に**鉄機械**と呼んでいる．鉄機械は電圧変動が少なく過負荷耐量も大きいため安定度は高いが，機械の容積，重量ともに大きくなり，高価格となる傾向を有する．逆に短絡比の小さい機械は巻線の占める割合が相対的に大きくなるため**銅機械**と呼ばれ，寸法・重量の割に出力が大きくなるが，電圧変動率は悪くなる．

c. 電圧変動率

図 6.25 に，種々の負荷力率における同期発電機の出力電圧と負荷電流の関係を示す．ここで回転数と励磁電流（界磁電流）は一定値に保っている．このような特性を**外部特性曲線**と呼ぶ．電機子反作用の影響で，遅れ力率のときが最も電圧変動が大きく，進み力率のときは出力電圧が無負荷電圧よ

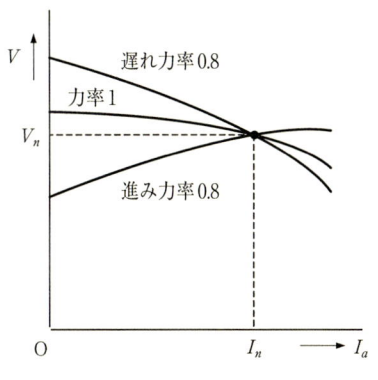

図 6.25 外部特性曲線

り上昇する．無負荷電圧を E_0，定格電圧を V_n とすれば，**電圧変動率**は，

$$\varepsilon = \frac{E_0 - V_n}{V_n} \times 100 \quad [\%] \tag{6.39}$$

で与えられる．小型機では実負荷をかけて電圧変動率を測定できるが，大型機では実負荷による測定が困難なので，前述の無負荷飽和曲線と短絡曲線から起電力法や起磁力法に基づいて計算する．

(1) 起電力法

非突極機の場合は，図 6.22 のベクトル図で $V = V_n$，$I_a = I_n$ とおいて

$$E_0 = \sqrt{(V_n \cos\varphi + r_a I_n)^2 + (V_n \sin\varphi + x_s I_n)^2} = \sqrt{V_n^2 + Z_s^2 I_n^2 + 2V_n I_n Z_s \cos(\varphi - \alpha)} \tag{6.40}$$

という関係が成り立つ．(6.40) 式を (6.39) 式に代入すれば電圧変動率は次のように表される．

$$\varepsilon = \left[\sqrt{1 + z_s^2 + 2z_s \cos(\varphi - \alpha)} - 1\right] \times 100 \quad [\%] \tag{6.41}$$

ここで $\alpha = \tan^{-1}(x_s/r_a)$ であり，$z_s = Z_s/(V_n/I_n)$ は単位法で表した同期インピーダンスである．

図 6.24 に示すように，Z_s は動作点によって変化するため，(6.41) 式で求めた電圧変動率は誤差が大きくなる．次に述べる起磁力法は飽和特性を考慮して電圧変動率を求める手法として JEC に採用されているものである．

(2) 起磁力法

定格回転速度の状態で，負荷力率を一定かつ負荷電流を定格値に保持しながら界磁電流を増加させたときの界磁電流と端子電圧の関係を全負荷飽和曲線と呼ぶ．図 6.26 の O'N が全負荷飽和曲線を示す．これを実測することは困難なので，比較的測定の容易な無負荷飽和曲線と短絡曲線から求める．点 O' は短絡状態なので，このときの界磁電流は短絡曲線から求められる．負荷の力率角を φ，定格電圧 V_n における無負荷飽和曲線上の点 P に対応する界磁電流を I_{f1} とすれば，起磁力法では，定格負荷電流の点 Q に相当する界磁電流 I_{fn} を以下のような式で

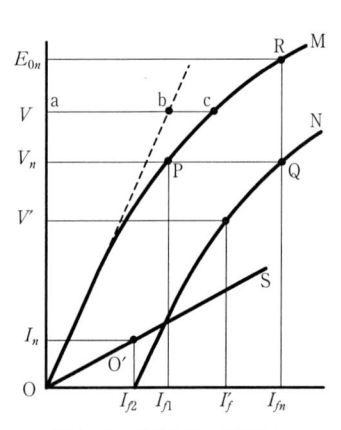

図 6.26 起磁力法の説明図

求める.

$$I_{fn}=\sqrt{I_{f1}^2+k^2I_{f2}^2+2kI_{f1}I_{f2}\sin\varphi} \qquad (6.42)$$

ここで k は，(6.36)式の飽和率を使って次のような式で計算する．

$$k=(1+\sigma)/\sqrt{(1+\sigma)^2\cos^2\varphi+\sin^2\varphi} \qquad (6.43)$$

界磁電流 I_{fn} が定まれば，そのときの無負荷誘導起電力 E_{0n} は無負荷飽和曲線上の点 R から求められ，E_{0n} と V_n より電圧変動率が計算される．電圧を種々変えて起磁力を求めれば全負荷飽和曲線が得られる．

同期発電機は大きな電力網に接続されることが多く，最近は自動電圧調整装置によって負荷が変動しても端子電圧はほぼ一定に保たれるようになったため，個々の発電機の電圧変動率はそれほど重視されなくなった．

6.6 同期発電機の並行運転

a. 並行運転

一般の電力系統では，電力供給の信頼性の確保と経済的な負荷配分のため，複数の発電機が送電線を介して並列に接続されている．このように複数の発電機を並列に接続して運転することを**並行運転**と呼ぶ．同期発電機を電力系統母線に新たに接続して並行運転に入るには，母線側と発電機側の電圧の大きさ，周波数，位相および波形が等しいという条件を満たす必要がある．これらの条件が成立していないと発電機を投入した瞬間に過大な電流が接続点に流れ，発電機の巻線や機械系にストレスがかかり並列運転に入れない（同期投入失敗）．

図 6.27 は，母線電圧と発電機電圧の周波数と位相が一致したことを確認するための原理的な装置で同期検定器と呼ばれる．母線側の端子 a_1-a_2 間に電球 L_1，b_1-c_2 間，c_1-b_2 間にそれぞれ電球 L_2，L_3 が接続されている．母線電圧と発電機電圧の同期が取れていれば，電球 L_1 は消え，L_2 と L_3 が同じ明るさになる．同期していないときは電球は明るさが変化しながらそれぞれ明滅を繰り返す．発電機電圧の大きさを発電機の界磁電流で調節し，周波数と位相を発電機の速度で調整し，同期検定器で同期状態が確認されたらスイッチを投入して発電機を接続すればよい．

実際の発電所では電球ではなく指針形の計測器を使用して同期検定を行う．また，現在の大型発電所では自動的に同期検定と遮断器投入を行う自動同期投

(a) 同期検定器　　　　　　　(b) 同期検定の原理

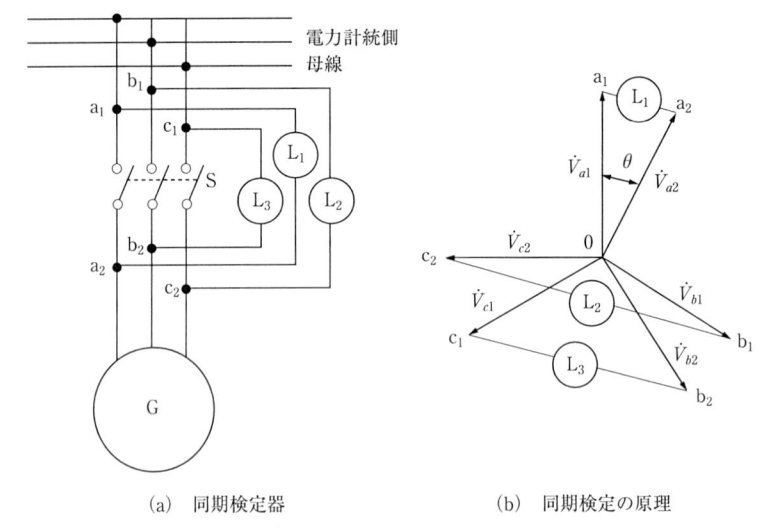

図 6.27　同期検定器

入装置を使用している．

b．負荷の分担
（1）平行運転時の特性

図 6.28 は，2 台の発電機 SG_1，SG_2 が並列に接続され，共通の負荷に電力を供給する場合の等価回路である．図において E_{01}，E_{02} は無負荷誘導起電力，x_{s1}，x_{s2} は同期リアクタンスであり，簡単のため電機子抵抗は無視している．これより以下の方程式が得られる．

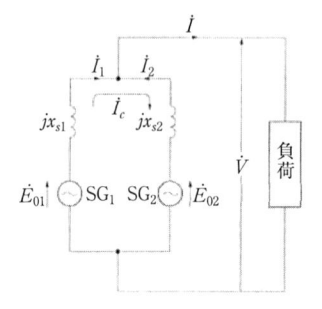

図 6.28　平行運転時の等価回路

$$\dot{V}=\dot{E}_{01}-jx_{s1}\dot{I}_1, \qquad \dot{V}=\dot{E}_{02}-jx_{s2}\dot{I}_2, \qquad \dot{I}=\dot{I}_1+\dot{I}_2 \qquad (6.44)$$

これを電流について解くと

$$\dot{I}_1=\frac{x_{s2}}{x_{s1}+x_{s2}}\dot{I}+I_c, \qquad \dot{I}_2=\frac{x_{s1}}{x_{s1}+x_{s2}}\dot{I}-I_c, \qquad \dot{I}_c=\frac{\dot{E}_{01}-\dot{E}_{02}}{j(x_{s1}+x_{s2})} \qquad (6.45)$$

ここで，$\dot{I}_c$ は $\dot{E}_{01} \neq \dot{E}_{02}$ の場合に発電機 SG_1 と SG_2 の間を還流する電流で**横流**と呼ばれる．

いま，$\dot{E}_{01}$ と $\dot{E}_{02}$ の位相が一致している状態で SG_1 の界磁電流が増加して $\dot{E}_{01} > \dot{E}_{02}$ となった場合を考える．図 6.29（a）に示したように $\dot{I}_c$ は $\dot{E}_{01}$ に対して 90° 位相遅れの電流になり，$\dot{E}_{02}$ に対しては 90° 位相進みの電流になる．したがって，電機子反作用によって $\dot{I}_c$ は SG_1 に対しては減磁作用，SG_2 に対しては増磁作用を生じるので，$\dot{E}_{01} > \dot{E}_{02}$ の電圧アンバランスは解消される方向に動作する．また，$\dot{E}_{01}$ と $\dot{E}_{02}$ の大きさが一致している状態で SG_1 の回転速度が上昇し，その結果 $\dot{E}_{01}$ の位相が $\dot{E}_{02}$ に対して δ_s だけ進んだ場合を考える．このときの $\dot{I}_c$ は，図 6.29（b）に示すように，$\dot{E}_{01}$ に対しては遅れ位相，$\dot{E}_{02}$ に対しては進み位相の電流になり，SG_1 から SG_2 に向かう有効電力が生

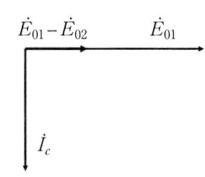

(a) 起電力の大きさに差が生じた場合

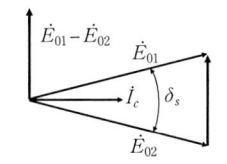

(b) 起電力に位相差が生じた場合

図 6.29 平行運転時の特性

じる．したがって SG_1 はエネルギーを失って減速し，SG_2 はエネルギーを得て加速する．その結果，起電力の位相差は解消され同期が保たれる．このときの横流を有効横流または同期化電流と呼ぶ．両発電機を同期状態に保とうとする力（**同期化力**）は次式で与えられる．ここで P_c は SG_1 から SG_2 に向かう有効電力，E_0 は $\dot{E}_{01}$ と $\dot{E}_{02}$ の値である．

$$\frac{dP_c}{d\delta_s} = \frac{E_0^2}{x_{s1} + x_{s2}} \cos \delta_s \quad [\text{W/rad}] \quad (6.46)$$

（2） 有効電力の分担

上記のように同期発電機の並行運転時に，界磁電流を変えても無効電力が変化するのみで有効電力は変化しない．有効電力を変化させて各発電機の負荷分担を調整するためには，原動機からの機械入力を変化させなければならない．一般に水車や蒸気タービンなどの原動機には回転速度を一定に保つための**調速機**（ガバナ）制御系があり，図 6.30 のように速度変化に対して原動機出力が垂下特性を有するようになっている．

原動機出力は同期回転速度 N_s と出

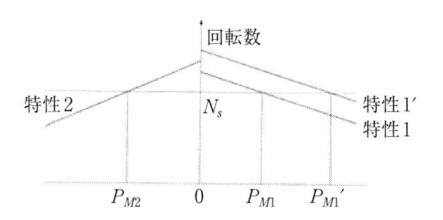

図 6.30 原動機の速度特性と負荷分担

力曲線の交点で与えられるので，原動機1の出力が P_{M1}，原動機2の出力が P_{M2} のときに，1号機の原動機特性を l' のように変化させると発電機1の出力は P_{M1} から P_{M1}' に変化し，有効電力の調整が可能になる．

演 習 問 題

1. 定格が60Hzで200 min^{-1} の水車発電機がある．極数はいくらか．
2. 定格仕様が出力3000 kVA，電圧6000 V，力率80 %，効率97 %の三相同期発電機がある．定格電流と発電機入力を求めよ．
3. 円筒形三相同期発電機で，端子電圧（線間）$\sqrt{3}V$，電機子電流 I_a，力率 $\cos\varphi$ のときの負荷角 δ を求めよ．ただし，同期リアクタンスは x_s として電機子抵抗は無視せよ．
4. 単位法で表した同期リアクタンスが $x_s=1.0$ の同期発電機がある．負荷力率0.8の場合の電圧変動率を求めよ．ただし r_a は0とする．
5. 5000 kVA，6000 Vの三相同期発電機がある．励磁電流180 Aに相当する無負荷端子電圧は6000 V，短絡電流は540 Aである．この発電機の短絡比および同期インピーダンスを求めよ．
6. 同期リアクタンス1.1（単位法）のタービン発電機が定格電圧で，定格力率0.8の遅れ電流で定格出力[kVA]を発生している．このときの無負荷誘導起電力（単位法）と電圧変動率を求めよ．ただし電機子抵抗は無視する．
7. (6.4) 式では a 相巻線の誘導起電力を巻線鎖交磁束から求めたが，フレミングの右手の法則から導くこともできる．図6.7においてコイル辺 a を横切る磁束密度は，(6.2) 式で $\theta=\pi/2$ とおいて，$B(t)=B_m \sin\omega_m t$ で与えられる．これをもとに a 相の誘導起電力をフレミングの右手の法則から求めてみよ．ただし，回転子半径を r，回転子長（導体長）を l，コイルの巻数を N，回転子の角速度を ω_m とせよ．
8. (6.44) 式から (6.45) 式を導け．

7 同期機 II

本章では，同期モータの等価回路や基本的な特性について述べる．また，発電機も含めて同期機の過渡現象について説明する．なお，小型モータの分野では永久磁石を回転子に用いる同期モータも数多く使われているが，これについては永久磁石モータの専門書を参照されたい．

7.1 同期モータの等価回路とベクトル図

図 7.1 において電源電圧の実効値を V，角周波数を ω とする．

$$
\begin{aligned}
v_a &= \sqrt{2}\,V \sin \omega t \\
v_b &= \sqrt{2}\,V \sin\left(\omega t - \frac{2\pi}{3}\right) \\
v_c &= \sqrt{2}\,V \sin\left(\omega t - \frac{4\pi}{3}\right)
\end{aligned}
\tag{7.1}
$$

電機子電流の力率角を φ [rad] とすれば，

$$
\begin{aligned}
i_a &= \sqrt{2}\,I_a \sin(\omega t - \varphi) \\
i_b &= \sqrt{2}\,I_a \sin\left(\omega t - \varphi - \frac{2\pi}{3}\right) \\
i_c &= \sqrt{2}\,I_a \sin\left(\omega t - \varphi - \frac{4\pi}{3}\right)
\end{aligned}
\tag{7.2}
$$

同期発電機と同期モータの構造が同一とすれば，モータの電機子電流の向きは発電機の場合の逆方向なので，それぞれの電流による起磁力 f_a, f_b, f_c は次式のように表すことができる．ここで起磁力の空間分布の高調波は無視している．

7. 同期機 II

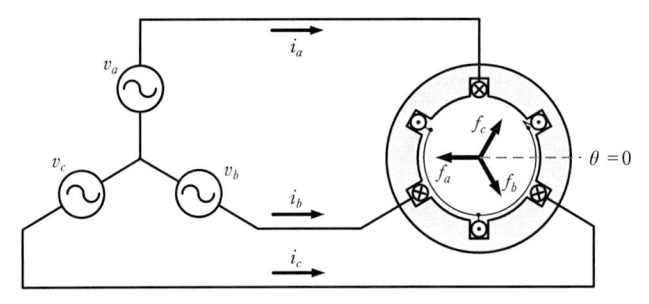

図7.1 同期モータの基本回路

$$f_a = \sqrt{2}\,NI_a \sin(\omega t - \varphi)\cos(\theta - \pi)$$
$$f_b = \sqrt{2}\,NI_a \sin\left(\omega t - \varphi - \frac{2\pi}{3}\right)\cos\left(\theta - \frac{2\pi}{3} - \pi\right) \quad (7.3)$$
$$f_c = \sqrt{2}\,NI_a \sin\left(\omega t - \varphi - \frac{4\pi}{3}\right)\cos\left(\theta - \frac{4\pi}{3} - \pi\right)$$

これらの合成起磁力を求めると次式が得られる．

$$F_a(\theta, t) = -\frac{3\sqrt{2}\,NI_a}{2}\sin(\omega t - \varphi - \theta) \quad (7.4)$$

(7.4) 式より，同期モータにおいても電機子電流によって θ 方向に回転する磁界が形成されることがわかる．

図7.2(a), (b) に，同期発電機と同期モータにおける回転磁界と回転子の関係を示す．ここで力率角は遅れ力率で示している．図(a) に示した発電機では，回転子が駆動されることによって電機子巻線に起電力が生じ，負荷が接続された場合に流れる電機子電流が回転磁界を形成する．このとき回転子は回転

(a) 発電機 　　　　　(b) モータ

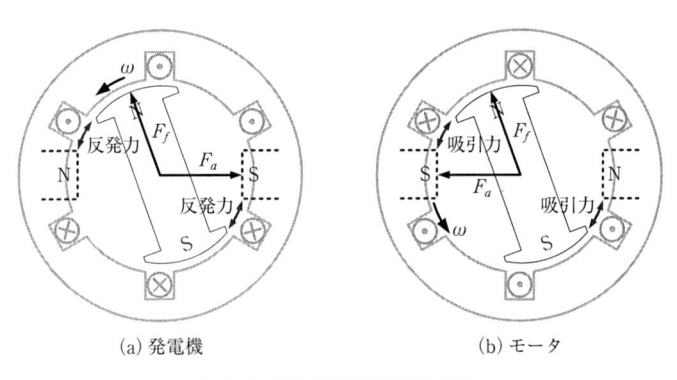

図7.2 回転磁界と回転子の関係

磁界から磁気的な反発力を受けるため，回転子には回転方向と逆方向のトルクが働く．発電機では回転子に直結した原動機からこの逆向きのトルクに平衡するような駆動トルクが与えられるため，回転磁界は回転子と同じ速度で回る．

これに対し，図(b)のモータの場合は，電機子電流による回転磁界は回転子を引き付けるように作用する．同期モータはこの磁気的吸引力を利用するもので，機械的な負荷トルクと磁気的吸引力によるトルク（これをモータトルクと呼ぶ）が平衡して回転する．負荷トルクが増加すれば，モータトルクを増すように電機子電流も増加する．定常回転状態では，負荷の大きさにかかわらず，回転子の回転速度は回転磁界の回転速度（同期速度）に等しい．すなわちモータの毎秒回転数を $n\,[\mathrm{s}^{-1}]$，毎分回転数を $N\,[\mathrm{min}^{-1}]$，角速度を $\omega\,[\mathrm{rad/s}]$ とすれば，

$$n=n_s=\frac{2f}{P}=\frac{f}{p}, \qquad N=N_s=\frac{120f}{P}=\frac{60f}{p},$$
$$\omega=\omega_s=\frac{2\pi f}{p} \tag{7.5}$$

ここで P は極数，p は極対数である．

以上のように，同期機は回転子から機械入力を加えれば発電機として動作し，電機子巻線から電気入力を加えればモータとして働く．エネルギーの流れが逆であることを除けば，発電機とモータの電気回路的な性質は基本的に同一であり，モータも起電力，電機子抵抗および同期リアクタンスを用いた等価回路で表すことができる．

図7.3に発電機とモータの場合の等価回路を示す．ここで r_a は電機子抵抗，x_s は同期リアクタ

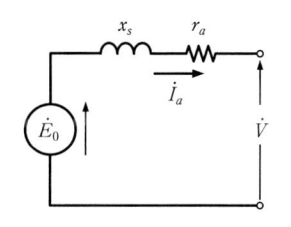

(a) 発電機

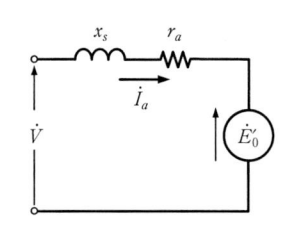

(b) モータ

図7.3 等価回路

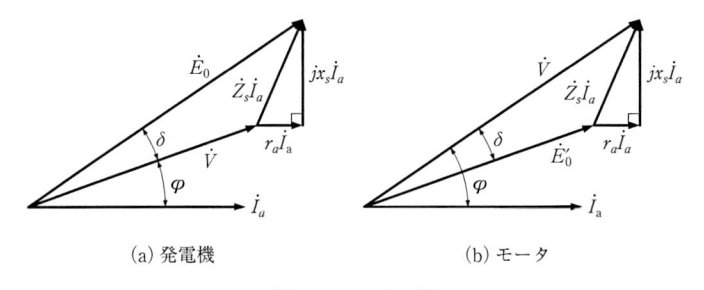

(a) 発電機

(b) モータ

図7.4 ベクトル図

ンス,$\dot{I}_a$ は電機子電流である.$\dot{E}_0$ は発電機の誘導起電力,$\dot{E}_0'$ はモータの逆起電力である.端子電圧 $\dot{V}$ は発電機の場合は負荷の逆起電力,モータの場合は印加電圧を示す.それぞれの回路方程式は,

$$\text{発電機}:\dot{E}_0=(r_a+jx_s)\dot{I}_a+\dot{V} \tag{7.6}$$
$$\text{モータ}:\dot{V}=(r_a+jx_s)\dot{I}_a+\dot{E}_0' \tag{7.7}$$

で与えられ,ベクトル図は図7.4のようになる.

7.2 同期モータの特性

a. 機械出力とトルク

(1) 非突極機の場合

同期モータの電気入力(1相)は $P_e=VI_a\cos\varphi$ で与えられる.ここで φ は電機子電流の力率角である.同期発電機の図6.22のベクトル図と同様の考察から,

$$V\cos\delta=E_0'+Z_sI_a\cos(\alpha-\varphi+\delta) \tag{7.8}$$
$$V\sin\delta=Z_sI_a\sin(\alpha-\varphi+\delta) \tag{7.9}$$

が得られる.ここで δ は負荷角,$\alpha=\tan^{-1}(x_s/r_a)$ である.

(7.8)式に $\cos(\alpha+\delta)$,(7.9)式に $\sin(\alpha+\delta)$ を乗じて加えれば,$V\cos\alpha=E_0'\cos(\alpha+\delta)+Z_sI_a\cos\varphi$ という関係が得られ,電気入力を以下のような式で表すことができる.

$$P_e=\frac{V^2}{Z_s}\cos\alpha-\frac{VE_0'}{Z_s}\cos(\alpha+\delta) \tag{7.10}$$

ここで $P_m=E_0'I_a\cos(\varphi-\delta)$ を求めてみる.(7.8)式に $\cos\alpha$,(7.9)式に $\sin\alpha$ を乗じて加えれば,$V\cos(\alpha-\delta)=E_0'\cos\alpha+Z_sI_a\cos(\varphi-\delta)$ という関係が成り立つので,

$$P_m=\frac{VE_0'}{Z_s}\cos(\alpha-\delta)-\frac{E_0'^2}{Z_s}\cos\alpha \tag{7.11}$$

が得られる.これは同期発電機の電気出力の式と同様である.ここで P_e-P_m を求めると,

$$P_e-P_m=\frac{1}{Z_s}(V^2-2VE_0'\cos\delta+E_0'^2)\cos\alpha=I_a^2Z_s\cos\alpha=I_a^2r_a \tag{7.12}$$

(7.12)式は1相あたりの銅損であるから,(7.11)式の P_m は鉄損や機械損を

無視したときの1相あたりの機械出力を表すことがわかる．

一般に，多相回転機の機械出力とトルクには次の関係がある．

$$T = \frac{mP_m}{\omega} \quad [\text{N·m}] \tag{7.13}$$

ここで m は相数，P_m は1相あたりの機械出力，ω は角速度である．三相同期モータの場合，$m=3$，$\omega=\omega_s=2\pi f/p\,[\text{rad/s}]$ なので，

$$T = \frac{3p}{2\pi f}\left\{\frac{VE_0'}{Z_s}\cos(\alpha-\delta) - \frac{E_0'^2}{Z_s}\cos\alpha\right\} \tag{7.14}$$

となる．ここで，p は極対数である．

さらに，電機子抵抗 r_a は同期リアクタンス x_s に比べて小さいので，$r_a=0$ とすれば $\alpha=\pi/2$ より，機械出力（1相）とトルクは次式で与えられる．

$$P_m = \frac{VE_0'}{x_s}\sin\delta \tag{7.15}$$

$$T = \frac{3p}{2\pi f}\cdot\frac{VE_0'}{x_s}\sin\delta \tag{7.16}$$

（2） 突極機の場合

簡単のため電機子抵抗 $r_a=0$ とすると，発電機の場合と同様の考察から，突極機の機械出力（1相）とトルクは以下のように求められる．

$$P_m = \frac{VE_0'}{x_d}\sin\delta + \frac{V^2(x_d-x_q)}{2x_d x_q}\sin 2\delta \tag{7.17}$$

$$T = \frac{3p}{2\pi f}\left\{\frac{VE_0'}{x_d}\sin\delta + \frac{V^2(x_d-x_q)}{2x_d x_q}\sin 2\delta\right\} \tag{7.18}$$

ここで，x_d は直軸同期リアクタンス，x_q は横軸同期リアクタンスである．

（3） 最大トルクと同期はずれ

図7.5に同期モータのトルクと負荷角の関係を示す．ここで突極機，非突極機ともに最大トルクで規格化している．一定励磁の同期モータにおいて，無負荷時の負荷角 δ はゼロであるが，負荷を増していくと δ はしだいに大きくなる．非突極機では $\delta=90°$，突極機では $60°\sim70°$ で最大トルクに達し，それ以上負荷トルクをかけるとモータは同期はずれを生

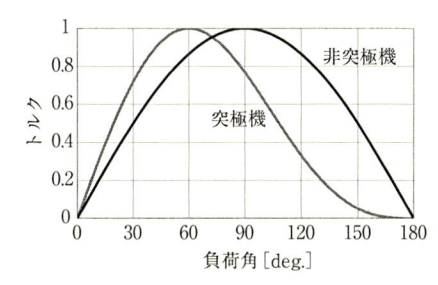

図7.5 トルク特性

じて停止する.定格運転時の最大トルクを**脱出トルク**という.

b. 損失と効率

前節では同期機の損失として電機子巻線抵抗による銅損のみ考えたが,実際の同期機では,鉄損や機械損が存在する.界磁電流と回転数が一定であれば,負荷にかかわらず一定になる損失を無負荷損,負荷電流(電機子電流)が流れたときに生じる損失を負荷損と呼ぶ.図7.6に同期機の損失を無負荷損と負荷損に分けて示す.無負荷損には鉄損,機械損,励磁損が含まれる.機械損の中の風損は空気抵抗損であり高速回転ほど大きくなる.負荷損は電機子巻線抵抗損(銅損)が主であるが,負荷時の電機子導体の表皮効果や界磁束歪みによる漂遊負荷損が無視できない場合もある.これらの損失をもとに次式で算出する効率を規約効率と呼ぶ.

$$規約効率 = \frac{定格出力}{定格出力 + 合計損失} \times 100 \quad [\%] \qquad (7.19)$$

一般に変圧器や回転機などの電気機械は,大容量になるほど効率が高くなるが,放熱面積の問題で冷却が重要になる.2万kWくらいまでは空気冷却が用いられるが,それ以上では水素冷却が採用される.このような冷却効果によって,同期機では2万kW以下でも94%以上,50万～100万kW級の大容量発電機では97～98%の効率を確保している.

```
損失 ─┬─ 無負荷損 ─┬─ 鉄  損 ─┬─ ヒステリシス損
      │            │          └─ 渦電流損
      │            ├─ 機械損 ─┬─ 軸受摩擦損失
      │            │          ├─ ブラシ摩擦損
      │            │          └─ 風損
      │            └─ 励磁損 ─┬─ 界磁巻線抵抗損
      │                       └─ ブラシ電気損
      └─ 負 荷 損 ─┬─ 電機子巻線抵抗損
                   └─ 漂遊負荷損
```

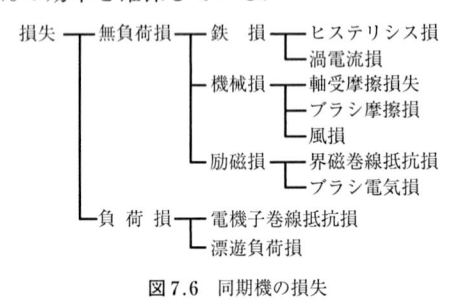

図7.6 同期機の損失

7.3 ブロンデル線図とV曲線

いま(7.11)式において

$$E_0' \cos(\alpha - \delta) = u, \qquad E_0' \sin(\alpha - \delta) = v \qquad (7.20)$$

とおくと,次のように表すことができる.

$$v^2+\left(u-\frac{Z_sV}{2r_a}\right)^2=Z_s^2\left\{\left(\frac{V}{2r_a}\right)^2-\frac{P_m}{r_a}\right\} \tag{7.21}$$

(7.21) 式は，供給電圧 V と出力 P_m が一定のときの u, v の軌跡が円になることを示す．これを出力円と呼ぶ．一方 (7.20) 式から次式を得る．

$$v^2+u^2=E_0'^2 \tag{7.22}$$

界磁電流一定のもとでは $E_0'=$ 一定なので，(7.22) 式は原点を中心とする円を表す．これを励磁円という．

図 7.7 は出力円と励磁円を重ねて描いたもので，半径が V の励磁円と $P_m=0$ の出力円の交点を A とすれば，$\overrightarrow{OA}$ は供給電圧ベクトル $\dot{V}$，半径が E_0' の励磁円と $P_m=P_1$ の出力円の交点を B とすれば，$\overrightarrow{OB}$ が逆起電力ベクトル $\dot{E_0'}$ になるので，$\overrightarrow{BA}$ は $\dot{Z_s}\dot{I_a}$ を表す．したがって出力円と励磁円をもとに同期モータの特性を考察することができる．このように，円線図を用いて同期モータのベクトル図を描いたものをブロンデル線図と呼んでいる．

図 7.7 において，供給電圧 V と出力 $P_m=P_1$ 一定として界磁電流を変えれば，E_0' が変化して動作点 B は $P_m=P_1$ の出力円上を移動する．それに応じてベクトル $\dot{Z_s}\dot{I_a}$ も変化する．その結果電機子電流 $\dot{I_a}$ の大きさと位相が変わる．一般に電機子抵抗は小さいので，$\dot{Z_s}\dot{I_a}\approx jx_s\dot{I_a}$ とみなせば，図において $\dot{V}$ と $\dot{Z_s}\dot{I_a}$ が直交するときに電機子電流が最も小さく力率も 1 になる．この点から

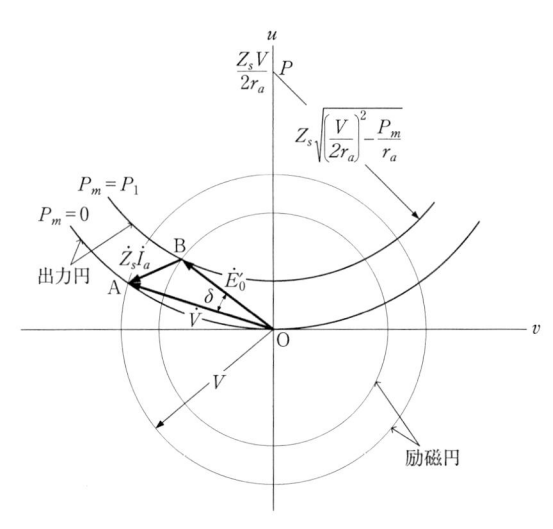

図 7.7 ブロンデル線図

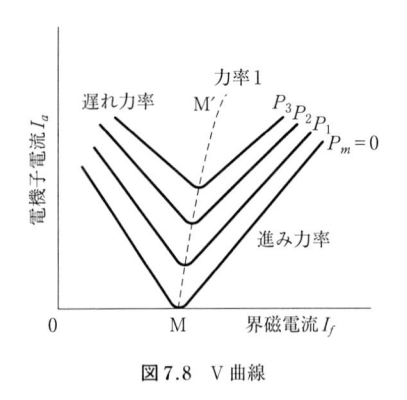

界磁電流を増やせば電機子電流は進み位相になり,減少させれば遅れ位相になる.電機子電流はいずれも増加する.

図7.8は種々の機械出力に対する電機子電流と界磁電流の関係を示したものである.図のように電機子電流は界磁電流に対してV形の曲線になることから,これを同期モータのV曲線と呼んでいる.出力$P_m=0$の曲線上のM点は$\dot{V}=\dot{E_0'}$の状態で電機子電流がゼロにな

図7.8 V曲線

る.M点とそれぞれの出力における最小点を結んだ破線MM′が力率1の曲線で,MM′より右側の領域では進み力率,左側では遅れ力率になる.

以上のように,同期モータを無負荷で運転し,界磁電流を調整すれば電機子電流の位相を遅れから進みまで自由に変えることができる.これは電力系統の力率調整や系統の電圧変動の抑制に利用される.このような目的に使用される同期モータを同期調相機と呼ぶ.

7.4 同期モータの始動

同期モータでは,同期速度以外の回転速度では平均トルクがゼロになり有効トルクは生じない.回転子が停止している状態で電圧を供給しても,慣性のため回転子は回転しない.すなわち同期モータは始動トルクを持たない.そのため以下のような方法で始動させる.

a. 自己始動法

一般に同期機では出力が急変したときに回転数が同期速度からずれることがあり,これを抑制するために回転子に制動巻線を設けている.これは次章で述べる誘導機のかご形巻線と同様の構造であり,始動時には巻線に誘導電流が流れて回転磁界との間でトルクが生じる.自己始動法はこのトルクを利用して始動させるもので,このときの制動巻線を始動巻線ともいう.

b. 始動用モータによる方法

誘導モータや直流モータなど，始動トルクを有するモータを同期モータに連結して始動し，徐々に回転数を上げて同期速度に達したときに同期モータを励磁して電源に同期化させる方法である．

c. 低周波始動法

インバータなどの可変周波数電源で駆動できるときは，低周波で同期モータを始動し，同期状態を保ったまま周波数と回転数を上昇させ定格周波数に達したときに主電源（商用電源）に切り換える方法を低周波始動法と呼ぶ．最近は大容量のインバータが容易に実現できるようになったため，主電源に切り換えず，インバータで周波数を変えて可変速運転を行うケースが増えている．

7.5 同期機の過渡現象

a. 乱　　調

同期発電機でも同期モータでも負荷が変化すると内部相差角 δ が変化する．例えば図7.9に示すように，同期機がはじめ出力 P_0，負荷角 δ_0 で運転しているとき，負荷が P_1 に変化すると負荷角は δ_1 に変化する．負荷の変化が緩やかであれば負荷角は図の出力-負荷角曲線にそって準定常的に変化するが，負荷が急変すると，負荷も含めた回転子の慣性のために負荷角 δ は δ_1 で安定せず，いったん δ_2 まで増加した後に減少する．このような現象が数サイクル繰り返されることによって負荷角の周期的な変動が生じる場合がある．このときの回転子の運動方程式は負荷角を用いて次式で表すことができる．

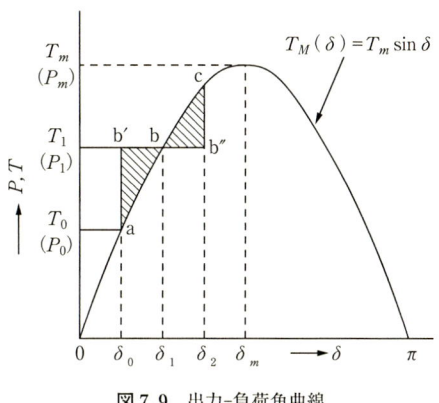

図7.9 出力-負荷角曲線

$$\frac{J}{p}\frac{d^2\delta}{dt^2} + \frac{r_D}{p}\frac{d\delta}{dt} + T_M(\delta) = T_L \tag{7.23}$$

ただしJは慣性モーメント，r_Dは制動係数，pは極対数，T_Lは負荷トルク，$T_M(\delta)$はモータの出力トルクである．同期モータの出力トルクは$T_m \sin \delta$で与えられるため，(7.23)式は非線形微分方程式となって一般解を求めることはできないが，負荷角の変化が小さいものとして平衡点近傍で$\delta = \delta_0 + \Delta\delta$とおけば，(7.23)式は

$$\frac{J}{p}\frac{d^2(\Delta\delta)}{dt^2} + \frac{r_D}{p}\frac{d(\Delta\delta)}{dt} + T_m \cos \delta_0 \cdot \Delta\delta = \Delta T_L \qquad (7.24)$$

のように近似される．ただしΔT_Lは負荷トルクの変化量である．(7.24)式は二次の振動系の方程式で，$r_D^2 < 4pJT_m \cos \delta_0$の場合，負荷角$\delta$は図7.10に示すように振動的に変化することになる．このように負荷角が振動的に変化する現象を**乱調**（hunting）と呼び，振動が大きい場合には安定に運転できずに同期速度から外れて止まってしまうこともある．これを**同期はずれ**という．

乱調を防止するには制動係数r_Dを大きくすることが有効なので，図7.11のように回転子の磁極片に複数のスロットを設け，それぞれに導体を挿入してこれらの導体の両端を短絡する．これを**制動巻線**と呼ぶ．回転子が同期速度で回っていてδが一定の場合には制動巻線は何も作用しないが，同期速度から少しでも外れると回転磁束を切ることによって制動巻線に誘導電流が流れ，回転磁束との間にトルクを生じてδを一定に保つように作用する．制動巻線は8章で述べるかご形誘導機の回転子巻線と同様の構造であり，前述のように同期モ

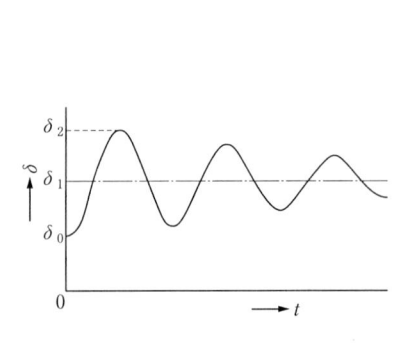

図7.10 乱調時の負荷角の変化

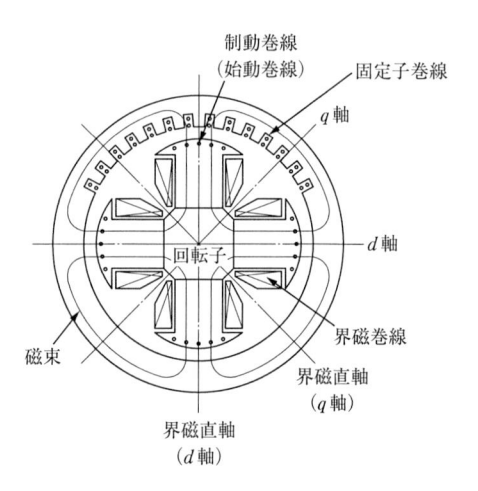

図7.11 制動巻線

ータでは始動巻線もかねている.

b. 同期機の安定度

同期機が同期はずれを起こすことなく安定に運転を継続できる度合いを同期機の**安定度**という.これには負荷を徐々に増加させた場合の**定態安定度**と,負荷が急変する場合の**過渡安定度**がある.

(1) 定態安定度

図7.9において,負荷が緩やかに変化すると,負荷角は0からδ_mまで変化し,同期機は最大出力P_mまで安定に動作する.この最大出力P_mを定態安定限界電力と呼び,P_mの値の大小によって定態安定度を評価している.

(2) 過渡安定度

負荷の急変によって乱調が生じたとき,負荷変動が小さければ負荷角の振動は時間とともに減衰して同期機は落ち着く.このように負荷が急変しても同期機が安定に運転を維持し得る最大電力を**過渡安定極限電力**と呼ぶ.

図7.9において同期機のトルクを$T_M(\delta)$,負荷トルクをT_Lとすると,$T_M(\delta)-T_L>0$の場合には加速トルク,$T_M(\delta)-T_L<0$のときは減速トルクになるので,図における面積 abb′ は減速エネルギー,面積 cbb″ は加速エネルギーを表す.(7.24)式の制動係数$r_D=0$の場合には減速エネルギー = 加速エネルギーとなり,減速と加速を繰り返すが,実際は摩擦や風損があるため振動は徐々に減衰する.しかし負荷変化が大きくなると減速エネルギーを補うことができなくなるため同期はずれを起こす.その限界点は,

$$\int_{\delta_0}^{\delta_2}(T_L-T_m\sin\delta)d\delta=0 \tag{7.25}$$

という条件が成立するかどうかで決まる.図7.12は初期負荷をゼロとしたときの限界出力点を示したもので,図の出力P_1がゼロ出力からの過渡安定極限電力となる.このように,電力相差角曲線から求められる面積(エネルギー)の関係を利用して過渡安定度を判別する方法を**等面積法**という.

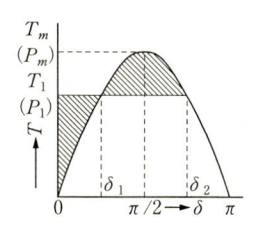

図7.12 過渡安定限界出力

c. 過渡状態における同期機のリアクタンス

運転中に三相同期発電機の三相端子を急に短絡すると,図7.13に示すよう

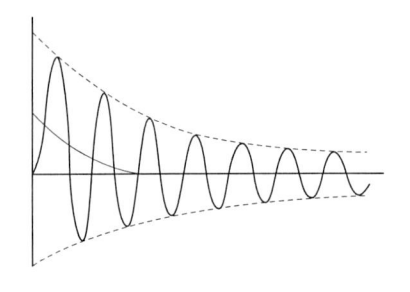

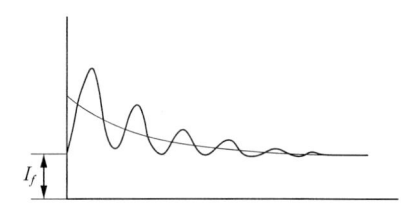

(a) 電機子電流　　　　　　　　　　(b) 界磁電流

図 7.13　三相発電機の突発短絡電流

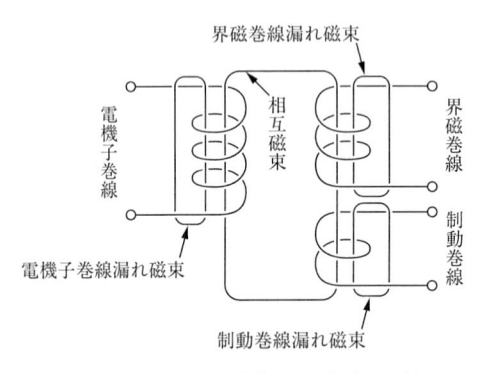

図 7.14　突発短絡時の巻線間の磁気結合の様子

に電機子および界磁巻線に大きな過渡短絡電流が流れる．これは，過渡時においては図 7.14 に示すように，電機子巻線と界磁巻線，および制動巻線との間の磁気的結合が生じ，電機子端子からみた等価リアクタンスが同期リアクタンスと異なったものとなるためである．これを定量的に扱うために次のようなリアクタンスが定義されている．

（1） 初期過渡リアクタンス x''

過渡電流の初期状態に対するリアクタンスで，界磁巻線および制動巻線を短絡した状態で電機子側からみたリアクタンスに等しくなる．

（2） 過渡リアクタンス x'

初期過渡状態からある程度時間が経過したときのリアクタンスである．制動巻線の過渡現象はほとんど減衰しているので，制動巻線を取り除いて界磁巻線を短絡した状態で電機子側からみたリアクタンスにほぼ等しい．

（3） 同期リアクタンス x

定常状態のリアクタンスで，前述の x_s，x_d，x_q がこれに相当する．**定態リアクタンス**とも呼ばれる．

同期機の過渡現象を考察する場合，変化直後のリアクタンスは x''，数サイクル後に x'，最後は x に落ち着くものとして取り扱えばよい．

演 習 問 題

1. 定格仕様が出力 2500 kW,電圧 3300 V,力率 90 %,効率 96.5 % の三相同期モータの定格電流を求めよ.
2. 三相同期モータがあり,端子電圧および無負荷誘導起電力は線間で 6600 V および 6000 V,同期リアクタンスは 12 Ω で電機子抵抗は無視できるものとする.内部相差角(負荷角)30°における出力 P [kW] と電機子電流 I_a [A] はいくらか.
3. 6 極,50 Hz,6600 V の三相同期モータがある.1 相あたりの同期リアクタンスは 10 Ω で,電機子抵抗は無視できるものとする.この同期モータを,1 相の無負荷誘起電力が 3000 V になるように励磁した場合の脱出トルクは何 kgf・m か.
4. 12 極,50 Hz の三相同期モータにおいて,同期リアクタンスは 6.0 Ω,端子電圧(線間)は 6600 V,無負荷誘導起電力(線間)は 6000 V である.負荷角 30°のときの出力,トルク,電機子電流,力率はいくらになるか.ただし,電機子抵抗は無視せよ.
5. 6 極,50 Hz の突極形同期モータがある.定格電圧 6600 V,定格電流 200 A,無負荷誘起電力 6000 V,直軸同期リアクタンス x_d=1.2 p.u.,横軸同期リアクタンス x_q=0.8 p.u. である.このモータの最大出力 P_m [kW] と最大出力時の内部相差角 δ_m および δ=30°で運転しているときのトルク [kgf・m] を求めよ.ただし r_a=0 とする.

8 誘　導　機

　誘導機とは，固定子巻線に交流電流を流し，固定子側から電磁誘導作用によって回転子側にエネルギーを伝えて動作する電気機械の総称であり，誘導モータ，誘導発電機，誘導制動機のほか，誘導形リニアモータ，誘導形磁気浮上装置，渦電流制動機，誘導形電気計器，誘導形継電器など，さまざまな機器に応用されている．なかでも誘導モータは構造が簡単で堅牢，取り扱いと保守が容易，価格が低廉という特長を有するため，産業用や家庭用モータとして広く利用されている．本章では誘導モータを中心に，誘導機の原理と基本的な性質について説明する．

8.1 誘導モータの原理と構造

　図8.1のように，磁石Mを円盤状の導体板Aの円周方向に移動させると導体板は磁石の方向に回転する．これは導体板を鎖交する磁束が変化することによって渦電流が発生し，この電流と磁束によって磁石の移動方向の力が導体板に作用するためである．この実験はアラゴの円板として知られ，誘導モータの基本原理になったものである．

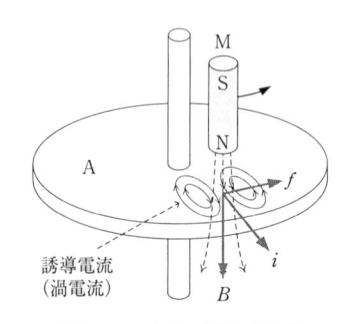

図8.1　アラゴの円板（1824）

　実際の誘導モータでは，磁石を機械的に回転させる代わりに，図8.2に示すように，固定子スロットに施された巻線に三相交流電流を流して回転磁界を発生させる．さらに回転子として，円筒状鉄心に設けられたスロットに導体を挿入して両端を短絡する．回転磁界によって導体に誘導電流が流れると，回転磁界との間にトルクが生じて回転子が回転する．このような構造の回転子をかご形回転子と呼ぶ．一般に，かご形回転子で

は，回転を滑らかにするために，導体を図のように斜めに配置することが多い．これをスキューという．

誘導機では，図 8.3 のように，回転子スロットに三相巻線を施し，軸に直結されたスリップリングに巻線を接続した構造の回転子も使用される．これは巻線形回転子と呼ばれ，中〜大容量の誘導機に使用される．

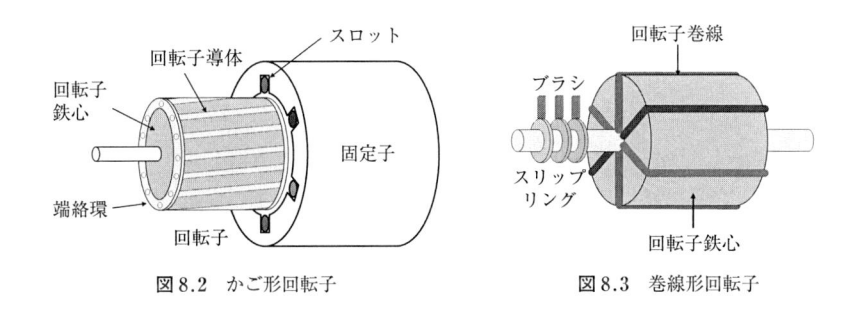

図 8.2　かご形回転子　　　　図 8.3　巻線形回転子

8.2　誘導起電力とすべり

a. 誘導起電力

図 8.4 に三相 2 極誘導モータの基本回路を示す．図において，a_s-a_s', b_s-b_s', c_s-c_s' は a, b, c 相の固定子巻線，a_r-a_r', b_r-b_r', c_r-c_r' は回転子巻線である．

いま，固定子巻線電流を

$$i_a = \sqrt{2} I_1 \sin \omega t, \qquad i_b = \sqrt{2} I_1 \sin \left(\omega t - \frac{2\pi}{3} \right), \qquad i_c = \sqrt{2} I_1 \sin \left(\omega t - \frac{4\pi}{3} \right) \quad (8.1)$$

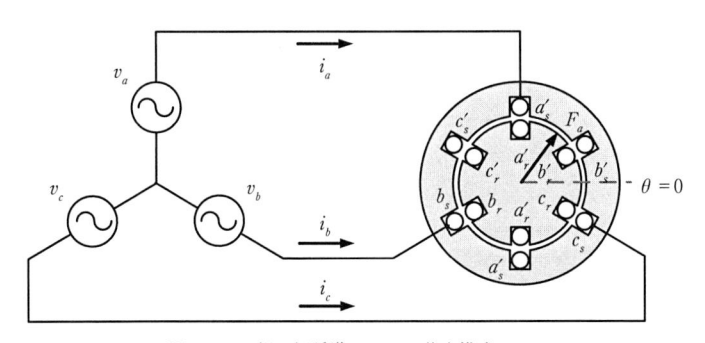

図 8.4　三相 2 極誘導モータの基本構成

と表す．ここで I_1 は実効値，ω は電源の角周波数である．誘導モータの場合も巻線電流による起磁力の空間分布は台形波に近くなるが，電機子巻線に分布巻と短節巻を適用して高調波を低減させているので，ここでは巻線電流起磁力を正弦波とみなす．a相の固定子巻線の中心軸方向を $\theta=0$ とすれば，(8.1) 式の巻線電流による起磁力は，

$$f_a = \sqrt{2} N_1 I_1 \sin \omega t \cos(\theta - \pi)$$
$$f_b = \sqrt{2} N_1 I_1 \sin\left(\omega t - \frac{2\pi}{3}\right) \cos\left(\theta - \frac{5\pi}{3}\right) \quad (8.2)$$
$$f_c = \sqrt{2} N_1 I_1 \sin\left(\omega t - \frac{4\pi}{3}\right) \cos\left(\theta - \frac{7\pi}{3}\right)$$

と表される．ここで N_1 は固定子巻線の巻数である．これらを合成すれば回転磁界の起磁力が次のように求められる．

$$F_a(\theta, t) = -\frac{3\sqrt{2} N_1 I_1}{2} \sin(\omega t - \theta) \quad (8.3)$$

誘導モータの回転子は円筒形なので，スロットの影響を無視すればギャップ長は一様になり，ギャップ磁気抵抗も均一となる．固定子鉄心と回転子鉄心の磁気抵抗はギャップの磁気抵抗に比べて非常に小さいので，空隙磁束密度分布はギャップ磁気抵抗で大略決定される．ギャップ長を g [m]，真空中の透磁率を μ_0 [H/m] とすれば，$F = (g/\mu_0 S)\phi = (g/\mu_0)B$ より，空隙磁束密度は次のように表すことができる．

$$B(\theta, t) = \mu_0 F_a(\theta, t)/g = -B_m \sin(\omega t - \theta) \quad (8.4)$$

ここで，$B_m = (3\sqrt{2}/2) N_1 I_1 \mu_0 / g$ は磁束密度の振幅である．

（1） 固定子巻線誘導起電力

(8.4) 式より，固定子巻線 a-a' の鎖交磁束は

$$\phi_{as} = -\int_{-\pi/2}^{\pi/2} lr B_m \sin(\omega t - \theta) d\theta = -2 lr B_m \sin \omega t \quad (8.5)$$

したがって a 相の固定子巻線誘導起電力は

$$e_{as} = -N_1 \frac{d\phi_a}{dt} = (2 lr B_m) \omega N_1 \cos \omega t \quad (8.6)$$

で与えられる．

（2） 回転子巻線誘導起電力

図 8.5 に示すように，固定子の a 相巻線中心軸を基準として，回転子の a 相巻線中心軸の位置角が α_r [rad] のとき，a 相の回転子巻線鎖交磁束は

$$\phi_{a_r} = -\int_{\alpha_r-\pi/2}^{\alpha_r+\pi/2} lr\, B_m \sin(\omega t - \theta)d\theta = -2\, lr\, B_m \sin(\omega t - \alpha_r) \quad (8.7)$$

同期モータは負荷にかかわらず回転速度は同期速度になるが,誘導モータでは負荷をかけると回転子の速度が同期速度から減少する.回転子の機械的角速度を ω_m [rad/s] とおけば,回転子位置角 α_r は

$$\alpha_r = \omega_m t + \alpha_0 \quad (8.8)$$

と表される.ここで α_0 は $t=0$ における回転子位置角である.(8.8) 式を (8.7) 式に代入すれば,

$$\phi_{a_r} = -2\, lr\, B_m \sin\{(\omega - \omega_m)t - \alpha_0\} \quad (8.9)$$

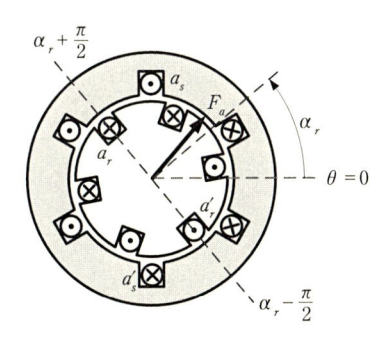

図 8.5 回転子位置角の定義

したがって回転子 a の相巻線の誘導起電力は次式のように求められる.

$$e_{a_r} = -N_2 \frac{d\phi_{a_r}}{dt} = (2\, lr\, B_m)(\omega - \omega_m)N_2 \cos\{(\omega - \omega_m)t - \alpha_0\} \quad (8.10)$$

b. すべり

上記の式は極数が 2 の場合であるが,極数が P(極対数 p)の場合,ω は電気角で表した同期角速度に等しいことを考慮し,電気角で表した回転子の角速度を $\omega_m' = p\omega_m$,初期位置角を $\alpha_0' = p\alpha_0$ とすれば,固定子および回転子巻線の誘導起電力は次式のように表される.

$$e_{a_s} = \omega N_1 \Phi_m \cos \omega t \quad (8.11)$$

$$e_{a_r} = (\omega - \omega_m')N_2 \Phi_m \cos\{(\omega - \omega_m')t - \alpha_0'\} \quad (8.12)$$

ここで $\Phi_m = 2\, lr\, B_m/p$ は毎極の磁束である.(8.12) 式から,誘導モータの回転子誘導起電力の大きさと周波数は回転磁界の速度(同期速度)と回転子速度の差に比例して変化することがわかる.ここで

$$s = \frac{\omega - \omega_m'}{\omega} \quad (8.13)$$

とおき,これを**すべり**(slip)と呼ぶ.すべりは回転速度の同期速度からのずれを表す量で,誘導機の特性を考察するうえで基本となる重要な量である.すべりは機械角で表した同期角速度 $\omega_s = \omega/p$ と回転角速度 ω_m,あるいは同期速

度 n_s [s^{-1}]（N_s [min^{-1}]）と回転速度 n [s^{-1}]（N [min^{-1}]）を用いれば，

$$s = \frac{\omega_s - \omega_m}{\omega_s} = \frac{n_s - n}{n_s} = \frac{N_s - N}{N_s} \tag{8.14}$$

と表すこともできる．すべりを用いれば回転子の誘導起電力は次のように表される．

$$e_{a_r} = s\omega N_2 \Phi_m \cos(s\omega t - \alpha_0') \tag{8.15}$$

電源周波数を f [Hz] とすれば，固定子ならびに回転子巻線の誘導起電力実効値 E_1 および E_{2r} は，(8.11) 式および (8.15) 式から，

$$E_1 = 4.44 f N_1 \Phi_m \tag{8.16}$$

$$E_{2r} = 4.44 s f N_2 \Phi_m = sE_2 \tag{8.17}$$

ここで $E_2 = 4.44 f N_2 \Phi_m$ は回転子が静止している場合の回転子誘導起電力実効値である．E_1 と E_2 の関係は，巻数が N_1, N_2 の変圧器の一次および二次電圧の関係と同様である．これは誘導モータが回転磁束による磁気的結合を利用する一種の変圧器として動作していることを示す．したがって誘導モータの等価回路は変圧器の等価回路を基本に考えることができる．

8.3 誘導モータの等価回路

a. T形等価回路

図 8.6 に誘導モータの1相あたりの回転子等価回路を示す．図において $\dot{I}_2$ は回転子の巻線電流，r_2 は回転子の巻線抵抗である．l_2 は回転子電流による磁束のうち，固定子巻線と鎖交しない漏れ磁束を与えるインダクタンスである．誘導起電力の角周波数が $s\omega$ [rad/s] なので，回路方程式は次のように表される．

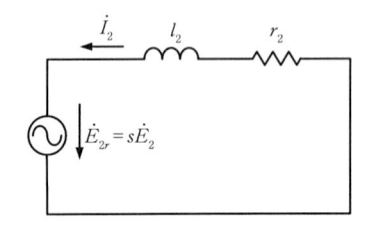

図 8.6 回転子の等価回路（1相）

$$s\dot{E}_2 = r_2\dot{I}_2 + js\omega l_2\dot{I}_2 \tag{8.18}$$

ここで両辺を s で割り，$x_2 = \omega l_2$ とおけば次式が得られる．

$$\dot{E}_2 = \frac{r_2}{s}\dot{I}_2 + jx_2\dot{I}_2 \tag{8.19}$$

したがって，固定子側の回路も含めた誘導モータの1相あたりの等価回路は図

8.7のように表すことができる．図において $\dot{V}_1$ は電源電圧，$\dot{I}_1$ は電源電流，r_1 は固定子巻線抵抗，x_1 は固定子巻線の漏れリアクタンス x_2 は回転子巻線の漏れリアクタンスである．

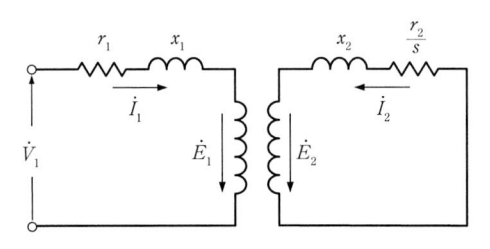

図8.7 固定子も含めた等価回路

ここで固定子と回転子の巻数比を $a=N_1/N_2$ とおけば，(8.19) 式は

$$a\dot{E}_2=\dot{E}_1=\left(\frac{a^2 r_2}{s}\right)\frac{\dot{I}_2}{a}+j(a^2 x_2)\frac{\dot{I}_2}{a} \tag{8.20}$$

と表すことができるので，変圧器の場合と同様に二次の諸量を

$$r_2'=a^2 r_2, \quad x_2'=a^2 x_2, \quad \dot{I}_2'=-\dot{I}_2/a \tag{8.21}$$

とおけば，一次換算された等価回路が図 8.8 のように得られる．同図には励磁電流 $\dot{I}_0$ を与える励磁アドミタンス $\dot{Y}_0=g_0-jb_0$ も付け加えている．

ここで r_2'/s を次式のように回転子抵抗 r_2' とそれ以外の抵抗に分離する．

$$\frac{r_2'}{s}=r_2'+\frac{1-s}{s}r_2' \tag{8.22}$$

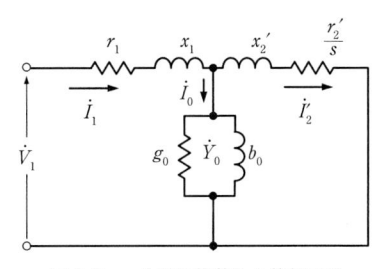

図8.8 一次側に換算した等価回路

このときの等価回路は図 8.9 のように表される．軸受け摩擦などの機械損失を無視すれば，回転子へ供給される電力は回転子抵抗 r_2' による損失と機械出力であるから，

$$r_L'=\frac{1-s}{s}r_2' \tag{8.23}$$

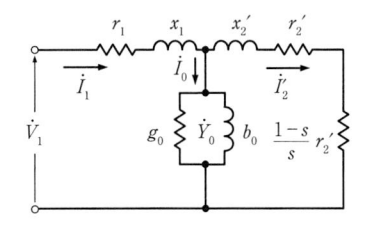

図8.9 誘導モータのT形等価回路

は機械的負荷を表す等価負荷抵抗になる．図8.9の等価回路を誘導モータのT形等価回路と呼んでいる．また，誘導モータでは固定子が一次側，回転子が二次側になるので，V_1を一次電圧，I_1, I_2'を一次および二次電流，r_1, r_2'を一次および二次抵抗，x_1, x_2'を一次および二次漏れリアクタンスと呼ぶ．

b．簡易等価回路

T形等価回路は，算定精度は高いが計算式が複雑になる．変圧器では励磁電流が非常に小さいので簡易等価回路で十分である．誘導モータでは固定子と回転子の間に空隙があるため磁気抵抗が大きく，励磁電流I_0も大きくなるので，変圧器に比べて簡易等価回路による計算精度は悪くなる．しかし回路定数の決定と特性算定が容易なため，誘導モータでも図8.10に示したような簡易等価回路がよく用いられる．以下，簡易等価回路の定数決定法と特性算定について説明する．

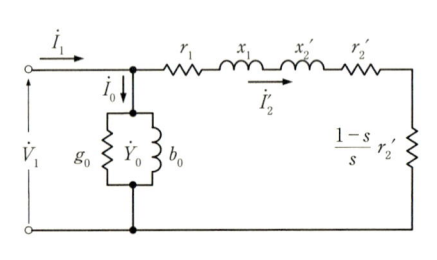

図8.10 簡易等価回路

c．等価回路定数の決定

等価回路定数を決定するために次の試験を行う．

（1）抵抗測定

周囲温度t[℃]で一次各端子間の巻線抵抗を測定し，その平均値をR_1[Ω]とすれば，一次巻線をY結線と考えたときの1相の抵抗値は

$$r_1 = \frac{R_1}{2} \frac{234.5+T}{234.5+t} \quad [\Omega] \tag{8.24}$$

で与えられる．ここでTは基準巻線温度で通常75[℃]にとる．

（2）無負荷試験

無負荷運転時の誘導モータに定格周波数，定格電圧の対称三相電圧を加えて，1相あたりの端子電圧V_1[V]，電流I_0[A]，電力W_0[W]を測定する．無負荷時の回転速度はほぼ同期速度であるため，すべりは$s=0$，等価負荷抵抗は$r_L'=\infty$になる．よって出力端は開放状態で，このときの電流I_0はすべて励磁アドミタンスを流れる．したがって，

$$Y_0 = I_0/V_1 \ [\text{S}], \qquad g_0 = W_0/V_1^2 \ [\text{S}], \qquad b_0 = \sqrt{Y_0^2 - g_0^2} \ [\text{S}] \quad (8.25)$$

(3) 拘束試験

回転子を拘束して,一次電流が定格値になるように一次側に定格周波数の低電圧を加えて,1相あたりの端子電圧 V_s[V],電流 I_s[A],電力 W_s[W] を測定する.拘束時は $s=1$ のため等価負荷抵抗 $r_L' = 0$ となり,出力端は短絡状態になる.このとき端子電圧 V_s はきわめて小さく,励磁アドミタンスを流れる電流は無視できる.したがって拘束試験の結果から

$$Z = \sqrt{(r_1 + r_2')^2 + (x_1 + x_2')^2} = V_s/I_s \ [\Omega],$$

$$r_1 + r_2' = W_s/I_s^2 \ [\Omega], \qquad x_1 + x_2' = \sqrt{Z^2 - (r_1 + r_2')^2} \ [\Omega] \quad (8.26)$$

を得る.(8.24)式の r_1 を用いて二次抵抗は $r_2' = W_s/I_s^2 - r_1$ [Ω] と求められる.簡易等価回路では x_1 と x_2' を分離する必要はないが,計算精度の都合で T 形等価回路が必要な場合,厳密な分離は難しいため近似的に $x_1 = x_2'$ としている.

(4) 鉄損と機械損の分離

無負荷試験で測定した電力 W_0 は,厳密には鉄損+機械損なので,機械損が無視できないときはこれを分離する必要がある.無負荷運転で端子電圧 V_1 を種々変えて電力 W_0 を測定すれば,図 8.11 に実線で示したような曲線が得られる.鉄損は電圧と周波数に依存し,機械損は回転数の関数になる.無負荷時には電圧にかかわらず回転数はほぼ同期速度で一定になる.したがって実曲線を $V_1 = 0$ [V] まで外挿すれば,垂直軸との交点から機械損が求められる.無負荷電力 W_0 から機械損を差し引けば鉄損が得られる.

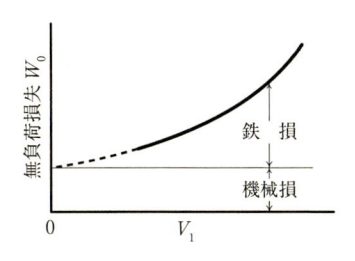

図 8.11 鉄損と機械損の分離

8.4 誘導モータの特性

a. 特性算定式

(1) 電　流

簡易等価回路から励磁電流ならびに一次および二次電流を求めると,

$$\text{励磁電流}: I_0 = V_1\sqrt{g_0^2 + b_0^2} \ [\text{A}] \quad (8.27)$$

二次電流：$I_2' = \dfrac{V_1}{\sqrt{\left(r_1 + \dfrac{r_2'}{s}\right)^2 + (x_1 + x_2')^2}}$ [A] (8.28)

一次電流：$I_1 = V_1 \sqrt{\left(g_0 + \dfrac{r_1 + r_2'/s}{Z^2}\right)^2 + \left(b_0 + \dfrac{x_1 + x_2'}{Z^2}\right)^2}$ [A] (8.29)

ここで $Z = \sqrt{(r_1 + r_2'/s)^2 + (x_1 + x_2')^2}$ [Ω] (8.30)

（2） 電　力

(8.28) 式の二次電流を用いて，二次銅損と機械出力は次のように求められる．ここで m_1 は相数である．

二次銅損：$P_{c2} = m_1 r_2' I_2'^2 = \dfrac{m_1 r_2' V_1^2}{(r_1 + r_2'/s)^2 + (x_1 + x_2')^2}$ [W] (8.31)

機械出力：$P_m = m_1 \left(\dfrac{1-s}{s} r_2'\right) I_2'^2 = \dfrac{m_1 r_2' V_1^2}{(r_1 + r_2'/s)^2 + (x_1 + x_2')^2} \dfrac{(1-s)}{s}$ [W]

(8.32)

二次銅損と機械出力の和は固定子から回転子に供給される電力で，**二次入力**と呼ばれる．

二次入力：$P_2 = P_{c2} + P_m = m_1 \dfrac{r_2'}{s} I_2'^2 = \dfrac{m_1 r_2' V_1^2}{(r_1 + r_2'/s)^2 + (x_1 + x_2')^2} \dfrac{1}{s}$ [W]

(8.33)

二次入力と二次銅損，および機械出力には次の関係が成立する．

$$P_2 : P_{c2} : P_m = 1 : s : (1-s) \qquad (8.34)$$

一次側の電力は次式のように得られる．

鉄　損：$P_i = m_1 g_0 V_1^2$ [W] (8.35)

一次銅損：$P_{c1} = m_1 r_1 I_1'^2 \fallingdotseq m_1 r_1 \dfrac{V_1^2}{Z^2}$ [W] (8.36)

一次入力：$P_1 = P_i + P_{c1} + P_2 = m_1 V_1^2 \left(g_0 + \dfrac{r_1 + r_2'/s}{Z^2}\right)$ [W] (8.37)

力　率：$\cos\varphi_1 = \dfrac{P_1}{m_1 V_1 I_1} = \dfrac{g_0 + \dfrac{r_1 + r_2'/s}{Z^2}}{\sqrt{\left(g_0 + \dfrac{r_1 + r_2'/s}{Z^2}\right)^2 + \left(b_0 + \dfrac{x_1 + x_2'}{Z^2}\right)^2}}$ (8.38)

（3） トルク

トルク T と回転子角速度 ω_m の積が機械出力 P_m なので，

8.4 誘導モータの特性

$$トルク：T = \frac{P_m}{\omega_m} \quad [\text{N·m}] \tag{8.39}$$

ここで同期角速度を ω_s とすれば $\omega_m = (1-s)\omega_s$，また（8.34）式から $P_m = (1-s)P_2$ なので，（8.39）式は

$$T = \frac{P_2}{\omega_s} = \frac{m_1 V_1^2}{\omega_s} \frac{r_2'/s}{(r_1 + r_2'/s)^2 + (x_1 + x_2')^2} \quad [\text{N·m}] \tag{8.40}$$

と書くことができる．同期角速度は一定なのでトルクは二次入力に比例する．したがって誘導モータのトルクは二次入力で表すこともできる．二次入力を**同期ワット**とも呼ぶ．

b. 誘導モータの特性

図 8.12 に，一般的な誘導モータのトルク，機械出力および一次電流とすべり s の関係を示す．すべりに対する特性を速度特性と呼び，トルクとすべりの関係をトルク速度曲線という．始動時は回転子が停止しているので $s=1$ であり，このときのトルク T_{st} を始動トルク，一次電流 I_{st} を始動電流という．負荷トルクが図の破線で与えられるとき，モータトルク T と負荷トルク T_L が釣り合う点 Q が動作点になる．無負荷であれば $s=0$ の同期速度で回転する．モータの動作領域は最大トルクの右側の領域になり，最大トルク以上の負荷を加えるとモータは停止する．

ここで，機械出力が最大になるすべりを s_p，最大出力を $P_{\max}$ とすれば，（8.32）式から次式が得られる．

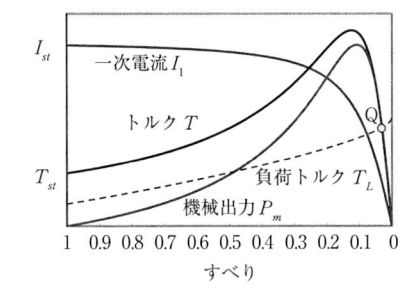

図 8.12 トルク速度特性

$$s_p = \frac{r_2'}{r_2' + \sqrt{(r_1 + r_2')^2 + (x_1 + x_2')^2}} \tag{8.41}$$

$$P_{\max} = \frac{m_1 V_1^2}{2[(r_1 + r_2') + \sqrt{(r_1 + r_2')^2 + (x_1 + x_2')^2}]} \tag{8.42}$$

また，トルクが最大になるすべりを s_t，最大トルクを $T_{\max}$ とすれば，（8.40）式から次式が得られる．

$$s_t = \frac{r_2'}{\sqrt{r_1^2 + (x_1 + x_2')^2}} \tag{8.43}$$

$$T_{\max} = \frac{m_1 V_1^2}{2\omega_s[r_1 + \sqrt{r_1^2 + (x_1 + x_2')^2}]} \tag{8.44}$$

c. 比例推移

(8.40) 式を見ると，トルクは r_2'/s の関数になっていることがわかる．したがってもし r_2' が m 倍になったとしても，s が m 倍になればトルクは同じ値を示す．r_2' 以外の等価回路定数は同じとして，r_2' を種々変えたときのトルク速度曲線を図 8.13 に示す．二次抵抗が r_2' のときの最大トルクを与えるすべりを s_t とすれば，二次抵抗が $2r_2'$，$3r_2'$，$4r_2'$ になったときの最大トルクを与えるすべりも同じ倍率で増えることがわかる．r_2'/s のみの関数で表される一次電流，力率，一次入力，二次入力でも同様の関係が成り立つ．このように r_2' に比例して特性が推移する性質を**比例推移**と呼んでいる．

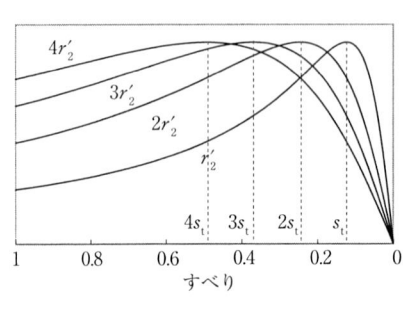

図 8.13 比例推移

8.5 誘導発電機と誘導制動機

同期速度を n_s，回転数を n とすれば，すべりは $s = (n_s - n)/n_s$ で与えられる．モータとして動作するのは $0 \leq n \leq n_s$，すなわち $0 \leq s \leq 1$ の範囲である．ここで，固定子巻線電流の作る回転磁界と同じ方向に回転子が同期速度以上の速度（$n > n_s$，$s < 0$）で回転すると，回転子電流の方向が逆転して回転磁界と逆方向のトルクが発生する．このトルクに打ち勝つように外部から駆動力を加えれば，固定子から電源側に電力が供給され，誘導機は発電機として動作する．また回転子が回転磁界と逆方向に回転する場合（$n < 0$，$s > 1$），回転磁界によるトルクは回転子の運動とは逆方向に働くため，回転子に対して制動作用を与える．したがって $s > 1$ の領域では誘導機は制動機として動作することになる．

図 8.14 にすべりの範囲を拡張した誘導機のトルクと機械出力特性を示す．トルク，機械出力ともに正になる $0 \leq s \leq 1$ がモータ領域，ともに負となる

$s<0$ が発電領域である．$s>1$ の制動領域では，トルクが正（回転子の回転方向に対して逆トルク）機械出力が負になる．これは発電機と同様に機械エネルギーが電気エネルギーに変換されるが，制動機の場合は主として回転子抵抗で熱として消費される．誘導発電機は同期発電機と比較して力率と効率が低いため，大型発電所には適用されない．しかし構造が単純で電力系統との連系が容易なため，風力や小水力などの自然エネルギーを利用した発電システムに利用されている．

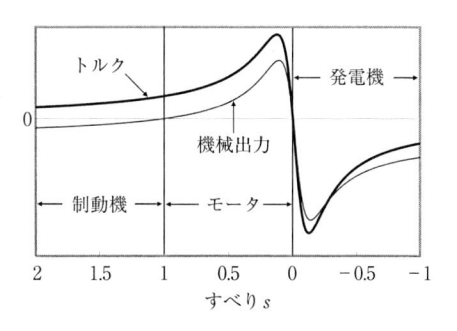

図 8.14 拡張された速度特性

8.6 誘導モータの始動

始動時 ($s=1$) には，二次電流に比べて励磁電流が非常に小さいので，始動電流 I_{st} は近似的に次式で与えられる．

$$I_{st} \approx I_2'(s=1) = \frac{V_1}{\sqrt{(r_1+r_2')^2+(x_1+x_2')^2}} \quad [\text{A}] \qquad (8.45)$$

また，(8.42) 式から始動トルク T_{st} は

$$T_{st} = \frac{m_1 V_1^2}{\omega_s} \frac{r_2'}{(r_1+r_2')^2+(x_1+x_2')^2} \quad [\text{N}\cdot\text{m}] \qquad (8.46)$$

(8.45) 式において $\sqrt{(r_1+r_2')^2+(x_1+x_2')^2}$ は一般に小さな値なので，始動電流 I_{st} は定格電流の数倍の大きさになる．さらに (8.46) 式からわかるように，r_2' が小さいほど始動トルクも小さい．すなわち，一般の誘導モータは始動電流が大きく始動トルクが小さいという始動上は好ましくない性質を持っている．誘導モータに直接定格電圧を加えると大きな始動電流が流れて巻線を焼損するおそれがある．大容量の誘導モータでは始動時の過大電流が電源（配電線）の電圧変動を引き起こすことがある．そのため，以下に述べるような方法で誘導モータの始動を行っている．

a. かご形誘導モータの始動法

（1） 全電圧始動

5 kW 以下の小容量かご形誘導モータは容量が小さいので配電線に与える影響が少なく，回転子の慣性モーメントも小さいため始動に要する時間が短い．したがって直接定格電圧を加える全電圧始動を行うことが多い．

（2） Y-Δ 始動

一次電流は電圧に比例することから，始動時には固定子巻線を Y 結線にし，回転数が上昇して定格回転に達した後に Δ 結線に切り換える方法である．Y 結線では各相に加わる電圧値は Δ 結線の $1/\sqrt{3}$ なので，Y 結線での始動電流は Δ 結線のまま始動させたときの 1/3 になる．ただしトルクは電圧の 2 乗に比例するので，Y 結線にしたときの始動トルクも Δ 結線時の 1/3 になる．

（3） 始動補償器法

15 kW 以上の誘導モータでは，単巻変圧器を用いて供給電圧を下げて始動し，加速後は全電圧を供給する．始動時の短時間だけ用いられる変圧器を始動補償器という．

b. 特殊かご形誘導モータ

(8.45) 式，(8.46) 式からわかるように，二次抵抗（回転子抵抗）r_2' が大きいほど始動電流は小さく，始動トルクは増加する．したがって，回転子の導体材質として銅より抵抗率の大きいアルミや真鍮を用いたほうが始動特性は改善される．しかし同時に効率も落ちる．特殊かご形誘導モータは始動時には実効的な二次抵抗が大きくなり，定常運転時に小さくなるような構造的工夫を施したもので，以下の2種類が考案されている．

（1） 二重かご形誘導モータ

二重かご形では，図 8.15 (a) に示すように，回転子のスロットを外側と内側の2段に分けて，それぞれに導体を挿入して別々の端絡環かまたは共通の端絡環で接続する．内側の導体には銅を用い，外側の導体には抵抗率の高い黄銅などを使用する．外側の導体は回転子表面に近いので漏れ磁束が少ないのに対して，鉄心の奥深く収められた内側の導体は漏れ磁束が大きく，外側導体で作られるかご形巻線に比べて内側のかご形巻線の漏れリアクタンスが大きくなる．さらに，回転子導体の誘導起電力の周波数（二次周波数）はすべりに比例するので始動時が最も高くなり，抵抗に比べてリアクタンスの影響が大きくな

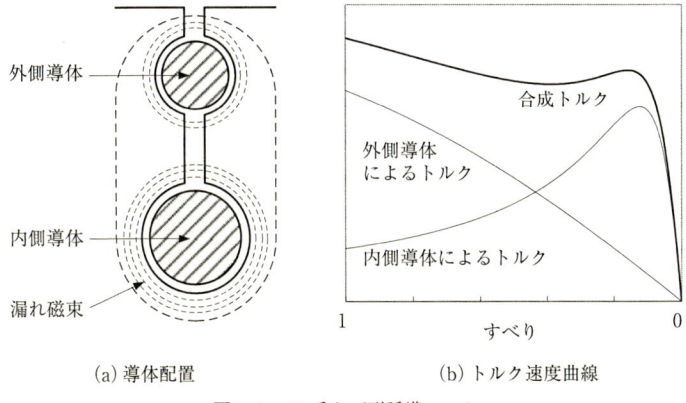

図 8.15 二重かご形誘導モータ
(a) 導体配置
(b) トルク速度曲線

る．したがって始動時にはリアクタンスの大きい内側の導体にはほとんど電流が流れず，大部分の二次電流は抵抗の高い外側の導体を流れることになる．回転数が上昇すればすべりが減少し，二次周波数も減少するので，電流は抵抗で制限されるようになり，定常運転時の二次電流は，ほとんど抵抗の小さい内側導体を流れるようになる．

図 8.15 (b) は，このときのトルク曲線を概略的に示したもので，高抵抗・低リアクタンスの外側巻線によるトルクと，低抵抗・高リアクタンスの内側巻線によるトルクとの合成が二重かご形誘導モータの速度トルク曲線になる．

(2) 深みぞかご形誘導モータ

深みぞかご形では，図 8.16 (a) に示すように，スロット形状が半径方向に細長く，通常のかご形回転子より深いところまで導体が収められている．二重かご形と同様にスロット深部に近い導体ほど漏れ磁束，したがって漏れリアクタンスが大きくなるため，同図 (b) の始動時の曲線に示すように，始動時の二次周波数が高い間は導体中の電流は漏れリアクタンスの小さいスロット上部導体に集中する．これは表皮効果と呼ばれ，導体の実効的な断面が減少するため導体の実効抵抗が増加する．回転数が上昇して二次周波数が下がれば表皮効果は緩和され，導体の電流は一様に流れるようになる．したがって深みぞかご形誘導モータにおいても始動時の二次抵抗が高く，定常運転時には二次抵抗が小さい誘導モータとして動作するため，効率を損なわずに始動特性の改善が可能になる．

(a) 導体配置　　(b) 電流密度分布

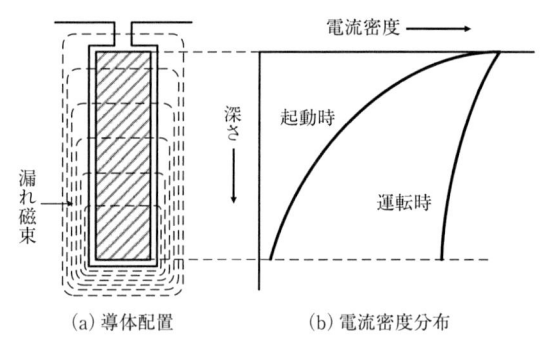

図 8.16　深みぞかご形誘導モータ

c. 巻線形誘導モータの始動

　巻線形誘導モータでは，回転子巻線がスリップリングとブラシを通じて外部回路と電気的に接続することができるため，図 8.17 に示すように，可変抵抗を接続すれば等価的に二次抵抗が変化する．したがって，始動時に外部抵抗値を大きくすれば始動トルクの増大と始動電流の抑制が可能になる．回転数の上昇に応じて始動抵抗値を段階的に減少させ，定常回転数に達したら外部抵抗を短絡させれば高効率で運転できる．巻線形誘導モータは回転子構造が複雑になるので小容量機には適さないが，外部抵抗を加減することにより回転数を制御することもできるので，中容量から大容量機に適用される．

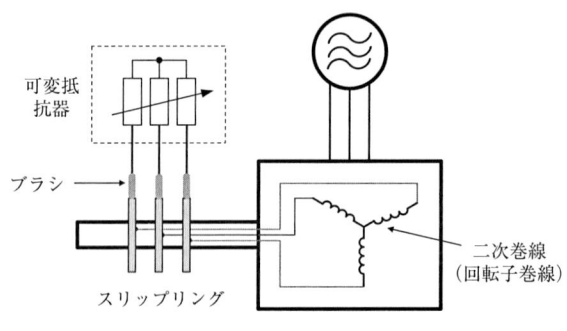

図 8.17　巻線形誘導モータ

8.7 誘導モータの速度制御

(8.40) 式に示したように，誘導モータのトルクは次式で与えられる．

$$T_m = \frac{m_1 V_1^2}{\omega_s} \frac{r_2'/s}{(r_1+r_2'/s)^2+(x_1+x_2')^2} = \frac{m_1 V_1^2}{(4\pi f/P)} \frac{r_2'/s}{(r_1+r_2'/s)^2+(x_1+x_2')^2}$$

(8.47)

したがって誘導モータの制御には，電源電圧 V_1，周波数 f，極数 P，二次抵抗 r_2' のいずれかを変えてやればよい．電圧制御，周波数制御，極数切換は主としてかご形誘導モータに適用される．巻線形誘導モータでは二次抵抗制御が行われる．以下ではかご形誘導モータと巻線形誘導モータに分けてそれぞれの制御特性を説明する．

a. かご形誘導モータ
(1) 電圧制御

図 8.18 に一次電圧（電源電圧）を種々変えたときのトルク速度曲線を示す．このトルク曲線と負荷トルク曲線の交点が動作点になるので，一次電圧によって回転数が変化することがわかる．簡単であるが一次電圧の調整に可変交流電源が必要なこと，低抵抗の回転子では電圧を変えてもあまり速度が変化しないことなどの欠点がある．

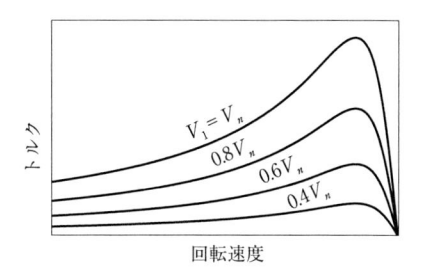

図 8.18 電圧制御時のトルク速度曲線

(2) 極数切換

例えば図 8.19 のように，固定子巻線を直列と並列に切り換えれば，直列時の回転磁界は 4 極であるのに対して並列時は 2 極になる．直列時の同期速度は並列時の 1/2 になる．これを利用して速度制御を行うのが極数切換法である．簡単で効率もよいが回転数は不連続にしか制御できない．図 8.19 のように結線を変えて極数を変換する方法のほかに，極数の異なる 2 組の巻線を設けておいて切り換える方法もある．

148   8. 誘導機

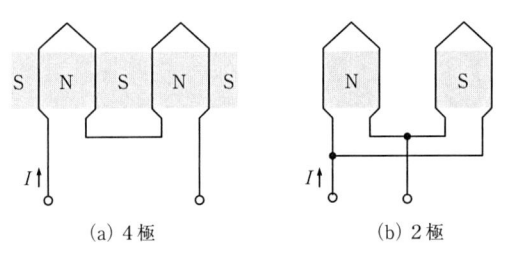

(a) 4極   (b) 2極

図 8.19　極数切換の例

（3）周波数制御

同期速度は周波数に比例するため，電源周波数を変えればモータ速度も変化する．一方，モータの磁束と一次誘導起電力の間には $E_1 = 4.44 fN_1\Phi_m$ という関係があるので，電源電圧を一定にして周波数のみ変えるとモータの機内磁束が変化する．これはトルク最大値が変化するのみでなく，周波数を下げたときに磁束密度が上昇してモータ鉄心の磁気飽和を生じる．したがって，周波数制御では機内磁束が一定になるように電源電圧も周波数に比例して変化させる．これを V/f 制御と呼んでいる．図 8.20 は V/f 制御のときのトルク速度曲線であり，広範囲な回転領域で速度制御が可能であることがわかる．周波数制御は可変周波数の電源を必要とするが，パワーエレクトロニクス技術の進展により，効率のよい可変周波数電

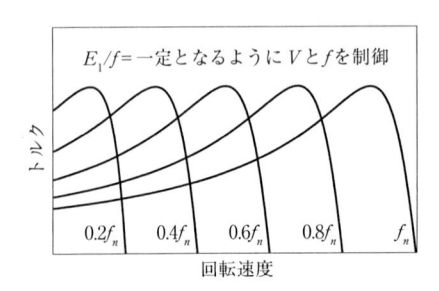

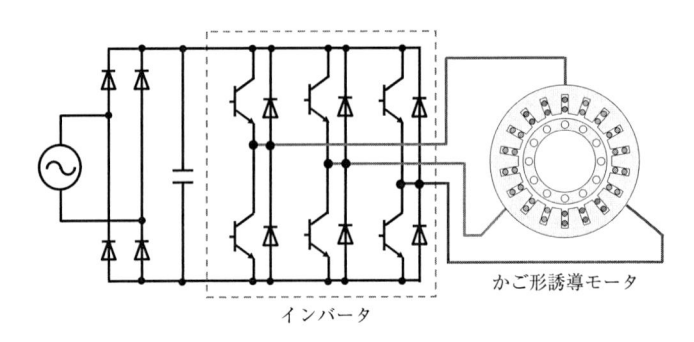

図 8.20　V/f 制御時のトルク速度曲線
（$E_1/f=$ 一定となるように V と f を制御）
0.2f_n, 0.4f_n, 0.6f_n, 0.8f_n, f_n
回転速度／トルク

図 8.21　誘導モータのインバータ制御
（インバータ／かご形誘導モータ）

源（**インバータ**）が容易に実現できるようになったため，周波数制御は現在のモータ制御の主流になっている．かご形誘導モータのインバータドライブ回路の一例を図8.21に示す．

b. 巻線形誘導モータ
（1） 二次抵抗制御
図8.17に示したように，巻線形誘導モータの二次回路に接続した外部抵抗を加減して実効的な r_2' を変化させ，比例推移の性質を利用して速度制御を行う方法である．外部抵抗によって電力損失が生じるため効率は悪くなるが，操作が簡単で円滑な速度制御が可能なため，クレーン，巻上げ機などに採用されている．

（2） 二次励磁制御
巻線形誘導モータにおいて，二次巻線に外部抵抗を接続する代わりに周波数変換器を接続し，二次周波数（sf）に等しい周波数の電圧を外部から加え，電圧の大きさと位相を変化させることによって回転数を制御する方法である．このとき回転子から電力（二次電力）が取り出されるが，この電力を電源に帰還する方式をセルビウス方式，モータ軸に帰還する方式をクレーマ方式と呼ぶ．

図8.22にセルビウス方式の一例を示す．周波数 sf の二次電力を AC-DC 変換器（整流回路）で直流に変換し，これを DC-AC 変換器（インバータ）によって f[Hz] の電力に変換して電源に返している．インバータの出力調整によって電源に供給される電力が変化するため，モータの速度制御が可能になる．この制御方式は二次抵抗制御のような電力損失は伴わないので効率がよい．ダイオード整流回路やインバータなどの半導体電力変換器を使用したものを静止セルビウス方式と呼ぶ．

図8.23にクレーマ方式を示す．AC-DC 変換器によって二次電力を直流に変換し，その電力で主モータに直結された直流モータを駆動する．これによって誘導モータの二次電力は動力として軸に返還されることになる．

セルビウス方式やクレーマ方式は歴史が古く，ダイオード整流回路やインバータなど，半導体電力変換装置が登場する以前に提案されている．初期のころは AC-DC 変換器として回転変流器が使用されたこともあるが，現在はダイオードなどの半導体整流回路を使用する．このように半導体電力変換装置を用いる方式を静止クレーマ方式という．

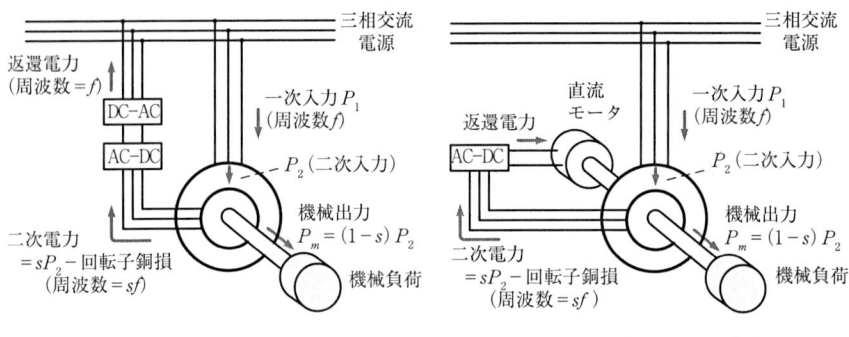

図 8.22 静止セルビウス方式

図 8.23 静止クレーマ方式

8.8 単相誘導モータ

単相誘導モータは単相交流電源に接続して使用する誘導モータで，出力数 W から 400 W 程度のものが家庭用電気機器や小形作業機械などに多数使われている．単相誘導モータの回転子には通常のかご形回転子が使用される．固定子巻線は，図 8.24（a）に示すように，単相巻線が固定子全スロットの 2/3 を使用して巻かれる．固定子巻線電流による起磁力は単相の交番磁界になるが，これは図 8.24（b）に示すように，大きさが同じで互いに逆方向に同一速度で回転する 2 つの回転磁界に分解される．したがって，図 8.25 に示すように，単相誘導モータは軸の回転方向にトルクを発生する正相分モータと，逆方向にトルクを発生する逆相分モータが直結されたものと考えることができる．

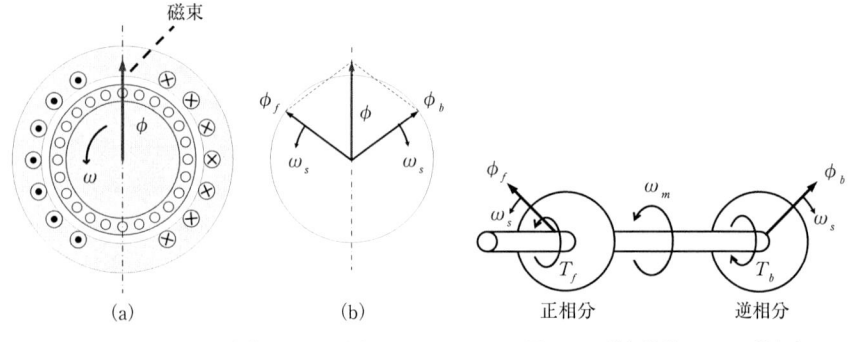

図 8.24 単相誘導モータの磁束

図 8.25 単相誘導モータの考え方

8.8 単相誘導モータ

軸回転速度が ω_m のとき，正相分モータのすべりは $s=(\omega_s-\omega_m)/\omega_s$ になる．逆相分モータでは回転磁界が逆方向なので，同期速度を $-\omega_s$ で表すことにより，すべり s' は次式で与えられる．

$$s'=\frac{-\omega_s-\omega_m}{-\omega_s}=\frac{\omega_s+\omega_m}{\omega_s}=\frac{\omega_s+(1-s)\omega_s}{\omega_s}=2-s \tag{8.48}$$

以上より単相誘導モータの等価回路は，図 8.26 に示すように，正相分等価回路と逆相分等価回路の直列回路で表すことができ，トルクは次式のように求められる．

$$T=\frac{1}{\omega_s}\frac{r_2'}{2s}I_f'^2-\frac{1}{\omega_s}\frac{r_2'}{2(2-s)}I_b'^2 \tag{8.49}$$

(8.51) 式の第 1 項が正相分トルク，第 2 項が逆相分トルクである．これより，単相誘導モータの速度トルク曲線は図 8.27 のようになる．図の T_f は正相分トルク，T_b は逆相分トルク，これらの合成トルク T が単相誘導モータのトルクになる．これからわかるように，単相誘導モータの始動トルクはゼロであるため何らかの手段で始動させる必要がある．また，トルク曲線は対称なのでどちらに回転させても特性はまったく同じであることがわかる．

単相誘導モータの始動法として分相始動，コンデンサ始動，くま取りコイルなどがある．図 8.28 にコンデンサ始動形モータの基本回路を示す．主巻線 N_M と並列に補助巻線（始動巻線）N_A を設け，この補助巻線に直列にコンデンサを接続する．主巻線電流 $\dot{I}_M$ に対して補助巻線電流 $\dot{I}_A$ は進み位相になるため 2 相の誘導モータとして動作し，始動トルクが得られる．コンデンサ始動形モータでは定常回転に近づいたときに遠心力スイッチによってコンデンサが切

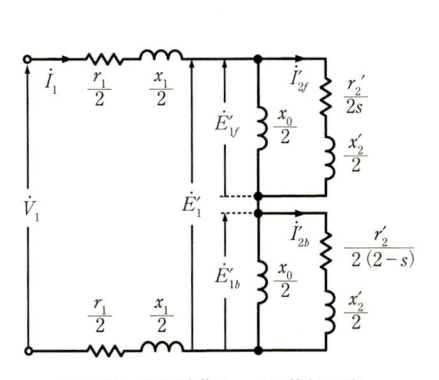

図 8.26 単相誘導モータの等価回路

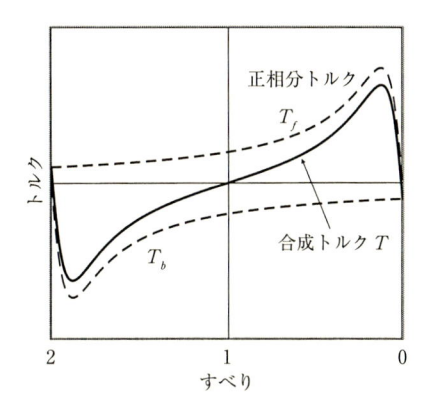

図 8.27 単相誘導モータの速度トルク曲線

(a) モータ回路構成　　　(b) ベクトル図

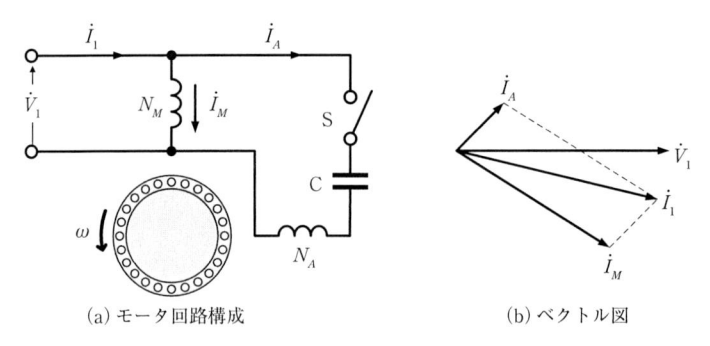

図 8.28　コンデンサ始動形モータ

り離されるが，常時接続して使用するものもある．これはコンデンサモータと呼ばれ，機械的スイッチがなく単相誘導モータの中では効率と力率が比較的良好なため，扇風機や電気洗濯機などに用いられる．

演習問題

1. 6 極，50 Hz の三相誘導モータがある．このモータについて次の諸量を求めよ．
   (1) 同期速度 [min^{-1}]
   (2) 回転磁界の方向に 960 min^{-1}，および 1030 min^{-1} で回転しているときのすべり．
   (3) 回転磁界と逆方向に 900 min^{-1} で回転した場合のすべり．
   (4) 回転磁界の方向に 960 min^{-1} で回転しているとき，二次誘導起電力の周波数はいくらか．

2. 220 V, 30 kW, 50 Hz, 4 極の三相誘導モータがある．一次換算 1 相の定数は次のとおりである．
   $r_1 = 0.055\ \Omega$, $r_2' = 0.045\ \Omega$, $x_1 = 0.2\ \Omega$, $x_2' = 0.16\ \Omega$, $g_0 = 0.02$ S, $b_0 = 0.18$ S
   回転数が 1455 min^{-1} のときのトルクを求めよ．

3. 等価回路が図で与えられる誘導モータの最大トルクおよびそれに対応するすべ

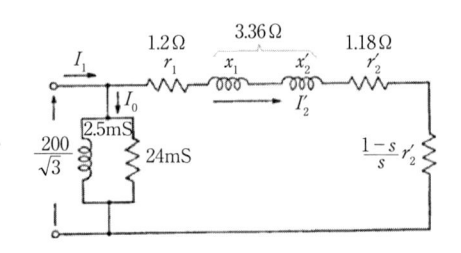

りを計算せよ．ただし4極，50 Hzとする．
4. 220 V，7.5 kW，60 Hz，6極の三相誘導モータの等価回路が下図で与えられている．定格電圧および周波数の電源に接続され，すべり 2.5 % で運転しているときの，(1) 回転速度 [min^{-1}]，(2) 機械出力 [W]，(3) 発生トルク [N·m]，(4) 一次電流 [A]，(5) 力率，(6) 効率 [%] をそれぞれ求めよ．ただし機械損は無視できるものとする．

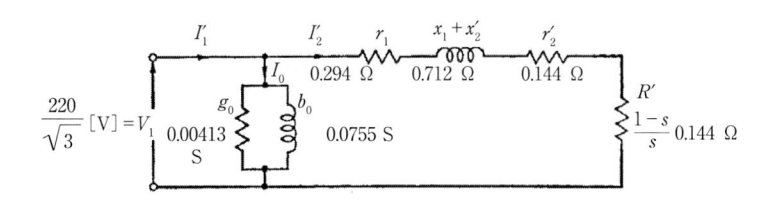

```
            I'₁            I'₂    r₁     x₁+x'₂    r'₂
       ─────●─────┬────────/\/\───CCCC────/\/\─────┐
            │     │I₀     0.294Ω  0.712Ω  0.144Ω   │
  220      g₀    b₀                                R'
  ─── [V]=V₁                                      1-s
  √3        0.00413  0.0755 S                     ─── 0.144Ω
            S                                      s
       ─────●─────┴──────────────────────────────────┘
```

5. 200 V，1.5 kW の三相誘導モータについて次の試験結果を得た．
   (無負荷試験)　　$V_1=200$ V，$I_0=2.8$ A，$W_0=100$ W
   (拘束試験)　　　$V_S=48.5$ V，$I_S=6.8$ A，$W_S=330$ W
   (一次1相の抵抗)　$r_1=1.2$ Ω

   この結果から簡易等価回路を決定せよ．

6. 定格が 7.5 kW，220 V（Y結線，線間電圧），60 Hz，6極の三相かご形誘導モータがある．回路定数を決定するために次の試験を行った．
   (1) 抵抗測定試験：周囲温度 $t=23$℃ において，一次巻線各端子間の抵抗を直流で測定したところ，その平均値 $R_1=0.490$ Ω であった．
   (2) 無負荷試験：定格 220 V，60 Hz の電圧を加えて無負荷運転を行ったところ，入力電流 $I_0=9.6$ A，入力 $P_{10}=400$ W であった．また供給端子電圧を定格値からしだいに安定運転できる最低値まで下げながら，電圧に対する入力の変化曲線を求めて機械損を推定したところ $P_m=200$ W であった．
   (3) 拘束試験：回転子を拘束して，34.6 V，60 Hz の電圧を印加したところ，入力電流 $I_{1S}=24.0$ A，入力 $P_{1S}=757$ W であった．

   以上の試験結果をもとに，このモータの等価回路を求めよ（単に等価回路といった場合には簡易等価回路を求めればよい）．

7. 全負荷で運転中の 50 Hz，4極の三相巻線形誘導モータがある．このときの回転数は 1440 min^{-1} である．二次回路の抵抗を3倍にすると回転速度はどう変わるか．ただし負荷トルクは一定とする．

8. 220 V，30 kW，50 Hz，4極の三相誘導モータの等価回路が下図で与えられるとき，始動トルクを求めよ．また，始動時に最大トルクを得るためには二次抵抗 r'_2 をいくらにすればよいか計算し，このときの最大トルクを求めよ．

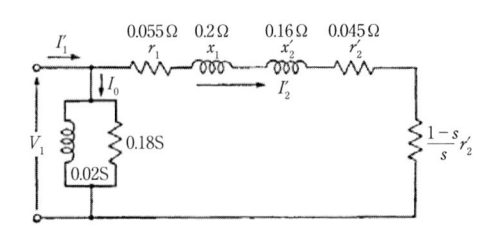

9. 50 Hz の電源に接続された三相巻線形誘導モータがある．その定格負荷時の回転数は 1425 min^{-1} である．このモータを同一供給電圧で全負荷トルクで始動させるにはどうすればよいか．ただし回転子の巻線抵抗は 1 相あたり 0.1 Ω とする．

注) 極数が指定されていないが，一般の誘導モータの定格時のすべりは数 % であることから，極数が推定される．

10. 三相かご形誘導モータを全電圧で始動する場合のトルクおよび始動電流はそれぞれ全負荷の場合の 1.5 倍および 6 倍であった．このモータで Y-Δ 始動を行うとすれば，始動トルクおよび始動電流は全負荷の場合の何倍になるか．

演習問題の解答

2章　演習問題解答例

1. (1) (ア)　$B_z = B_m \sin\left(\frac{\pi}{w}x\right)$ なので

    $$\Phi = N\phi = N\int_a^{a+w} B_z \ell dx = N\phi_m \cos\left(\frac{\pi}{w}a\right) \quad \text{ただし } \phi_m = \frac{2B_m \ell w}{\pi}$$

    (イ)　$B_z = B_m \cos\omega t \sin\left(\frac{\pi}{w}x\right)$ なので

    $$\Phi = N\phi = N\int_a^{a+w} B_z \ell dx = N\phi_m \cos\left(\frac{\pi}{w}a\right)\cos\omega t$$

    (2) (ア)　$e = -\dfrac{d\Phi}{dt} = -\dfrac{d}{dt}N\phi_m \cos\left(\dfrac{\pi}{w}a\right) = 0$

    (イ)　$e = -\dfrac{d\Phi}{dt} = -\dfrac{d}{dt}N\phi_m \cos\omega t \cos\left(\dfrac{\pi}{w}a\right) = N\phi_m \cos\left(\dfrac{\pi}{w}a\right)\sin\omega t$

    (3) (ア)　$x = vt + a$ （∵ $t=0$ で $x=a$）

    (1) より $B_z = B_m \sin\left(\dfrac{\pi}{w}x\right) = B_m \sin\left(\dfrac{\pi}{w}(vt+a)\right)$

    したがって $\Phi = N\phi_m \cos\left(\dfrac{\pi}{w}(vt+a)\right)$

    $$\therefore e = -\frac{d\Phi}{dt} = \frac{N\phi_m v\pi}{w}\sin\left(\frac{\pi}{w}(vt+a)\right)$$

    あるいは

    $$e = -\frac{d\Phi}{dt} = -\frac{d\Phi}{dx}\frac{dx}{dt} = -v\frac{d\Phi}{dx} = \frac{N\phi_m v\pi}{w}\sin\left(\frac{\pi}{w}x\right)$$

    でもよい

    (イ)　$\Phi = N\phi_m \cos\left(\dfrac{\pi}{w}(vt+a)\right)\cos\omega t$ となるので

    $$e = -\frac{d\Phi}{dt} = N\phi_m \omega \cos\left(\frac{\pi}{w}(vt+a)\right)\sin\omega t + \frac{N\phi_m \pi v}{w}\sin\left(\frac{\pi}{w}(vt+a)\right)\cos\omega t$$

    あるいは $\Phi = N\phi_m \cos\left(\dfrac{\pi}{w}x\right)\cos\omega t$ において

    $$e = -\frac{d\Phi}{dt} = -\frac{\partial\Phi}{\partial t} - \frac{\partial\Phi}{\partial x}\frac{dx}{dt} = N\phi_m \omega \cos\left(\frac{\pi}{w}x\right)\sin\omega t + \frac{N\phi_m \pi}{w}\frac{dx}{dt}\sin\left(\frac{\pi}{w}x\right)\cos\omega t$$

    としてもよい．

2. $\mathfrak{R}_A = \dfrac{l_A}{\mu S_A}$, $\mathfrak{R}_B = \dfrac{l_B}{\mu S_B}$ とし，左脚の磁束を ϕ_1，右脚の磁束を ϕ_2 とする．

(1) 磁気回路方程式は
$$N_1 i_1 = \Re_A \phi_1 + \Re_A \phi_2$$
$$N_1 i_1 = \Re_A \phi_1 + \Re_B(\phi_1 - \phi_2)$$
となり，これを解くと
$$\phi_1 = \frac{\Re_A + \Re_B}{\Re_B} \phi_2$$
$$\therefore \phi_2 = \frac{\Re_B N_1 i_1}{\Re_A^2 + 2\Re_A \Re_B}$$

(2) $\varPhi = N_1 \phi_1 = L i_1$ だから
$$\phi_1 = \frac{\Re_A + \Re_B}{\Re_B} \phi_2 = \frac{(\Re_A + \Re_B) N_1 i_1}{\Re_A^2 + 2\Re_A \Re_B}$$
$$\therefore \varPhi_1 = \frac{(\Re_A + \Re_B) N_1^2 i_1}{\Re_A^2 + 2\Re_A \Re_B}$$
$$\therefore L = \frac{(\Re_A + \Re_B) N_1^2}{\Re_A^2 + 2\Re_A \Re_B}$$

(3) 磁気回路方程式は
$$N_1 i_1 = \Re_A \phi_1 + \Re_B(\phi_1 - \phi_2)$$
$$N_2 i_2 = -\Re_A \phi_2 + \Re_B(\phi_1 - \phi_2)$$
これを解いて
$$\phi_1 = \frac{\Re_A + \Re_B}{\Re_A^2 + 2\Re_A \Re_B} N_1 i_1 + \frac{\Re_B}{\Re_A^2 + 2\Re_A \Re_B} N_2 i_2$$
$$\phi_2 = \frac{\Re_B}{\Re_A^2 + 2\Re_A \Re_B} N_1 i_1 + \frac{\Re_A + \Re_B}{\Re_A^2 + 2\Re_A \Re_B} N_2 i_2$$

3章　演習問題解答例

1. 磁気回路方程式は
$$Ni = \Re \phi = \left(\frac{x}{\mu_0 S_g} + \frac{\ell}{\mu S_C} \right) \phi$$
となるので
$$f = -\frac{1}{2} \phi^2 \frac{d\Re}{dx}, \quad \text{または} \quad f = \frac{1}{2} i^2 \frac{dL}{dx} = \frac{1}{2} i^2 \frac{d}{dx}\left(\frac{N^2}{\Re} \right)$$
を用いて
$$f = -\frac{1}{2} \phi^2 \frac{1}{\mu_0 S_g}$$

2. ラグランジアンは　$L = \frac{1}{2} m v^2 + \frac{1}{2} L(x) i^2 - \frac{1}{2} s x^2$

消散関数は $\quad F=\dfrac{1}{2}r_f v^2+\dfrac{1}{2}Ri^2$

したがって，運動方程式は

$$f=\dfrac{d}{dt}\left(\dfrac{\partial L}{\partial v}\right)-\dfrac{\partial L}{\partial x}+\dfrac{\partial F}{\partial v}=m\dfrac{d^2 x}{dt^2}+r_f\dfrac{dx}{dt}+sx-\dfrac{1}{2}i^2\dfrac{d}{dx}L(x)$$

回路方程式は

$$e=\dfrac{d}{dt}\left(\dfrac{\partial L}{\partial i}\right)-\dfrac{\partial L}{\partial q}+\dfrac{\partial F}{\partial i}=L(x)\dfrac{di}{dt}+Ri+i\dfrac{dL(x)}{dx}\dfrac{dx}{dt}$$

3. 電圧源 e が電流源 i となるので，一般座標は x と Φ とすればよい．ちなみにこのときの
  ラグランジアンは $\quad L=\dfrac{1}{2}mv^2+\dfrac{1}{2}sx^2-\dfrac{1}{2}\dfrac{\Phi^2}{L}$

  消散関数は $\quad F=\dfrac{1}{2}r_f v^2+\dfrac{1}{2}Ge^2$

4. 略（3.6 節を参照のこと）

5. ラグランジアンは $L=\dfrac{1}{2}L_s i_s{}^2+L_{sr}i_s i_r+\dfrac{1}{2}L_r i_r{}^2+\dfrac{1}{2}J\omega_r{}^2$

  消散関数は $\quad F=\dfrac{1}{2}R_s i_s{}^2+\dfrac{1}{2}R_r i_r{}^2+\dfrac{1}{2}r_f \omega_r{}^2$

  したがって，回路方程式は

  固定子回路：$e_s=L_s\dfrac{di_s}{dt}+R_s i_s+L_{sr}\dfrac{di_r}{dt}+\dfrac{dL_s}{d\theta_r}i_s\omega_r+\dfrac{dL_{sr}}{d\theta_r}i_r\omega_r$

  回転子回路：$e_r=L_r\dfrac{di_r}{dt}+R_r i_r+L_{sr}\dfrac{di_s}{dt}+\dfrac{dL_r}{d\theta_r}i_r\omega_r+\dfrac{dL_{sr}}{d\theta_r}i_s\omega_r$

  運動方程式：$T=J\dfrac{d\omega_r}{dt}+r_f\omega_r-\dfrac{1}{2}\dfrac{dL_s}{d\theta_r}i_s{}^2-\dfrac{dL_{sr}}{d\theta_r}i_s i_r-\dfrac{1}{2}\dfrac{dL_r}{d\theta_r}i_r{}^2$

（回転）

4章　演習問題解答例

1. 変圧器の電圧変動率は $\varepsilon=p\cos\phi+q\sin\phi \quad p=2\,\% \quad q=4\,\%$
   - 力率 1 のとき　$\varepsilon=2\cos\phi+4\sin\phi$　であり，$\cos\phi=1\ \sin\phi=0$ なので
     $$\therefore \varepsilon=2+4\times 0=2\,\%$$
   - 力率 0.8（遅れ）　$\cos\phi=0.8 \quad \sin\phi=\sqrt{1-\cos^2\phi}=0.6$
     $$\therefore \varepsilon=2\times 0.8+4\times 0.6=4\,\%$$
   - 力率 0.8（進み）　$\cos\phi=0.8 \quad \sin\phi=-\sqrt{1-\cos^2\phi}=-0.6$
     $$\therefore \varepsilon=2\times 0.8-4\times 0.6=-0.8\,\%$$

2. $\varepsilon = p\cos\phi + q\sin\phi$ から $\varepsilon = 0.75p + \sqrt{1-0.75^2} \times q = 5\ \%$
題意から $q=8p$ $\therefore p=0.828\ \%$
60 Hz では抵抗降下は変わらないが，リアクタンス降下は 6/5 になるので

60 Hz における $\therefore p=0.828\ \%,\ q=\dfrac{6}{5}\times 8p = \dfrac{6}{5}\times 8\times 0.828=7.949$

$\therefore \varepsilon = 0.828\times 0.75 + 7.947\times\sqrt{1-0.75^2}=5.88\ \%$

3. (1) 鉄損 $=125\ \mathrm{W}$，出力 $5\ \mathrm{kVA}$ のときの銅損は $180\times\left(\dfrac{5}{10}\right)^2 = 45\ \mathrm{W}$

したがって効率は $\eta = \dfrac{5000\times 0.8}{5000\times 0.8 + 125 + 45} = 0.959$

(2) 最大効率のときの負荷率は $\sqrt{\dfrac{125}{180}}=0.833$, このときの出力は $0.833\times 10 = 8.33\ \mathrm{kVA}$

効率は $\eta = \dfrac{8.33\times 0.8}{8.33\times 0.8 + 2\times 125} = 0.964$

4. 省略

5. (1) 力率 1, 80 kW 出力のときの負荷電流を I とすると
$80 = \sqrt{3}\ VI\cos\varphi = \sqrt{3}\times 200\times I$ $\therefore I = 230.9\ \mathrm{A}$

このときの銅損は $1800\times\left(\dfrac{80}{100}\right)^2 = 1152$

鉄損は 500 W なので全損失は $500+1152=1652\ \mathrm{W}$

(2) $\eta = \dfrac{8000\times 1}{8000\times 1 + 1652} = 0.829$

5章　演習問題解答例

1. 他励式，分巻式，直巻式，複巻式．それぞれの説明は 5.4 節を参照．

2. 5.4 節参照．電機子反作用が直流機の動作にどのような影響を与え，その対策としてどのような方法があるかも理解しておくこと．

3. $E_0 = K_1\Phi n = \dfrac{pZ}{a}\Phi n$ において，$p=3$, $Z=300$, $\Phi = 0.02\ \mathrm{Wb}$, $n=300/60=5\ \mathrm{s}^{-1}$, $a=3$ より，$E_0 = 30\ \mathrm{V}$

4. 直流モータでは，損失が無視できるときの機械出力は $P_m = E_0\times I_a$ で与えられる．E_0 は問 3 と同じなので，$P_m = 30\times 20 = 600\ \mathrm{W}$

トルクは $T=P_m/\omega$. $\omega=2\pi n=10\pi$ rad/s より $T=19$ N·m

5. 端子電圧を V とすれば, $E_0=V-R_aI_a=215-0.1\times 50=210$ V.
$T=P_m/\omega=E_0I_a/\omega$, $\omega=2\pi\times(1500/60)=50\pi$ より, $T=66.9$ N·m

6. $V=E_0+r_aI_a$, $E_0=K_1\Phi n$ より,

   回転数 $n=\dfrac{V-r_aI_a}{K_1\Phi}$ (1)

   直流分巻モータの場合, 全負荷電流 $I=$ 電機子電流 I_a+ 界磁電流 I_f. 界磁抵抗 r_f のとき, 界磁電流は $I_f=V/r_f$. よって $I_a=I-I_f=I-V/r_f$. (1) 式に代入して,

   回転数 $n=\dfrac{V-r_a(I-V/r_f)}{K_1\Phi}$ (2)

   電機子に抵抗 R を挿入して速度を 1/2 に降下させたとき, 電圧 V は変わらないため界磁電流 I_f ならびに磁束 Φ は不変. このときトルク $T=K_2\Phi I_a$ も同一なので電機子電流 I_a も不変. したがって負荷電流 $I=I_a+I_f$ は変わらないため, 次式が成り立つ.

   $\dfrac{n}{2}=\dfrac{V-(r_a+R)(I-V/r_f)}{K_1\Phi}$ (3)

   (2) 式と (3) 式から

   $R=\dfrac{V}{2(I-V/r_f)}-\dfrac{r_a}{2}$

7. 直流直巻モータでは $E_0=K_1\Phi n=V-(R_a+R_f)I_a$. ここで R_f は界磁巻線抵抗. さらに直巻モータでは $I_f=I_a$ なので $\Phi\propto I_a$. 上式に代入して $kI_an=V-(R_a+R_f)I_a$. ここで k は K_1 とモータの磁気抵抗で決まる係数. 書き直すと

   $n=\dfrac{1}{k}\left\{\dfrac{V}{I_a}-(R_a+R_f)\right\}$

   題意から $V=525$ V, $I_a=50$ A, $n=1500$ min^{-1}, $R_a+R_f=0.5$ Ω なので, $\dfrac{1}{k}=150$. 一方, 直流直巻モータでは $T=K_2\Phi I_a\propto I_a^2$ なので, 同一トルクであれば電機子電流も同じ. よって $V=400$ V で同一トルクを出しているときの回転数は

   $n=150\left(\dfrac{400}{50}-0.5\right)=1125$ min^{-1}.

8. 直巻モータなので $T\propto I_a^2$. したがってトルクが 1/2 になったときの電機子電流は $1/\sqrt{2}$. よって $100\times(1/\sqrt{2})=70.7$ A. また, 電機子回路抵抗は 0.1 Ω なので,

   $n=\dfrac{1}{k}\left(\dfrac{V}{I_a}-0.1\right)$.

   1800 min^{-1} 時は $1800=\dfrac{1}{k}\left(\dfrac{110}{100}-0.1\right)$. これより $\dfrac{1}{k}=1800$. よって 1/2 トルク時に

は $n=1800\left(\dfrac{110}{70.7}-0.1\right)\cong 2621 \text{ min}^{-1}$.

9. 分巻なので端子電圧が等しければ界磁電流,したがってモータ磁束も等しい.
発電機動作時は $E_{01}=K_1\Phi n_1=V+R_aI_a=110+0.1\times 100=120\text{ [V]}$
モータ動作時には $E_{02}=K_1\Phi n_2=V-R_aI_a=110-0.1\times 80=102\text{ [V]}$
$\dfrac{E_{02}}{E_{01}}=\dfrac{K_1\Phi n_2}{K_1\Phi n_1}=\dfrac{n_2}{n_1}=\dfrac{102}{120}$. $n_1=1500\text{ min}^{-1}$ なので $n_2=1500\times\dfrac{102}{120}=1275\text{ min}^{-1}$.

10. 抵抗制御,界磁制御,電圧制御.それぞれの特徴は5.7節を参照.

11. 電圧制御法の一種.詳細は5.7節を参照.

12. (5.22)式,(5.24)式および(5.26)式から等価回路は以下のように表すことができる.

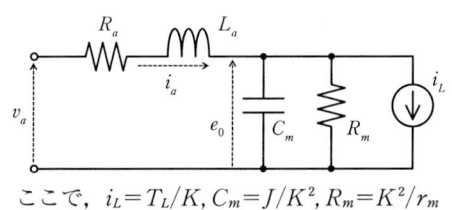

ここで, $i_L=T_L/K, C_m=J/K^2, R_m=K^2/r_m$

電機子インダクタンスと摩擦が無視できるとき,無負荷のモータ等価回路は以下のようになる.

これより $i_a=\dfrac{v_a}{R_a}\varepsilon^{-\frac{t}{R_aC_m}}$, $e_0=v_a\left(1-\varepsilon^{-\frac{t}{R_aC_m}}\right)$.

よって,始動電流は $t=0$ とおいて $i_{as}=\dfrac{v_a}{R_a}$.

また,角速度は $e_0=K\omega=v_a\left(1-\varepsilon^{-\frac{t}{R_aC_m}}\right)$ より,

$\omega=\dfrac{v_a}{K}\left(1-\varepsilon^{-\frac{t}{R_aC_m}}\right)$.

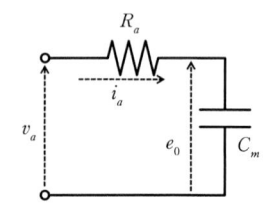

6章 演習問題解答例

1. $f\text{[Hz]}=$極対数 $p\times n\text{[s}^{-1}\text{]}$ より,極数 $P=120f\text{[Hz]}/N\text{[min}^{-1}\text{]}$. よって $P=36$ 極.

2. 定格時の端子電圧(線間電圧)を V_n,電機子電流を I_n とすると,出力容量は $P=\sqrt{3}V_nI_n$. $P=3000\text{ kVA}$, $V_n=6000\text{ V}$ より $I_n=P/\sqrt{3}V_n=289\text{ A}$.
発電機の効率=(電気出力÷機械入力)×100 [%].電気出力 $=P\cos\varphi$ [W].
ここで $\cos\varphi$ は力率.よって

発電機の機械入力 $=3000\times10^3\times0.8\times100/97=2474$ kW.

3. このときの三相出力は $3VI_a\cos\varphi$. 電機子抵抗が無視できるときの出力（1相）と負荷角 δ の関係は (6.32) 式で与えられるので

$$3VI_a\cos\varphi=3\frac{VE_0}{x_s}\sin\delta.$$

ここで電機子抵抗=0 のときのベクトル図は右図のように表されるので

$$E_0=\sqrt{V^2+(x_sI_a)^2+2Vx_sI_a\sin\varphi}.$$

したがって

$$\delta=\sin^{-1}\left(\frac{x_sI_a\cos\varphi}{E_0}\right)=\sin^{-1}\left(\frac{x_sI_a\cos\varphi}{\sqrt{V^2+(x_sI_a)^2+2Vx_sI_a\sin\varphi}}\right).$$

4. 電圧変動率は $\varepsilon=\frac{E_0-V}{V}\times100[\%]=\left(\frac{E_0}{V}-1\right)\times100[\%]$. ここで E_0, V は相電圧．

電機子抵抗はゼロなので $E_0=\sqrt{V^2+(x_sI_a)^2+2Vx_sI_a\sin\varphi}$.

書き直すと $\frac{E_0}{V}=\sqrt{1+\left(\frac{x_sI_a}{V}\right)^2+2\left(\frac{x_sI_a}{V}\right)\sin\varphi}$. ここで $\frac{x_sI_a}{V}$ は単位法で表した同期リアクタンス．題意より $\frac{x_sI_a}{V}=1$ なので $\varepsilon=(\sqrt{2+2\sin\varphi}-1)\times100$ [%].

力率 $\cos\varphi=0.8$ より, $\sin\varphi=0.6$（遅れ力率），$\sin\varphi=-0.6$（進み力率）．したがって, 遅れ力率の場合 $\varepsilon=79$ [%]，進み力率の場合 $\varepsilon=-10.6$ [%]．

5. 励磁電流 180 A のときの端絡電流は $I_s=540$ A. 定格時の端子電圧を V_n, 電機子電流を I_n とすれば，出力容量は $P=\sqrt{3}V_nI_n$. よって

定格電流は $I_n=\frac{5000\times10^3}{\sqrt{3}\times6000}=481$ A.

短絡比は $K_s=\frac{540}{481}=1.12$.

短絡比の逆数は単位法で表した同期インピーダンスに等しいので

$$z_s[\mathrm{pu}]=\frac{Z_s}{V_n/\sqrt{3}}=\frac{1}{1.12}.$$

したがって

$$Z_s=\frac{1}{1.12}\cdot\frac{V_n}{\sqrt{3}I_n}=\frac{1}{1.12}\cdot\frac{6000}{\sqrt{3}\times481}=6.43\,[\Omega].$$

6. 電機子抵抗が無視できるときの誘導起電力は問3と同様に

$$E_0=\sqrt{V^2+(x_sI_a)^2+2Vx_sI_a\sin\varphi}.$$

単位法で表すと

$$\frac{E_0}{V} = \sqrt{1 + \left(\frac{x_s I_a}{V}\right)^2 + 2\frac{x_s I_a}{V}\sin\varphi}$$

題意から $\frac{x_s I_a}{V} = 1.1$. よって単位法で表した誘導起電力は $\frac{E_0}{V} = 1.88$

電圧変動率は $\varepsilon = \frac{E_0 - V}{V} \times 100 = \left(\frac{E_0}{V} - 1\right) \times 100 = (1.88 - 1) \times 100 = 88\,[\%]$

7. 角速度 ω_m, 半径 r のときの回転子の周辺速度は $v = r\omega_m$ で与えられる. これは回転子から見るとコイル辺が左から右に速度 v で移動することになり, コイル辺 a の誘導起電力は $e = N \times vBl$ で与える. $v = r\omega_m$, $B = B_m\sin\omega_m t$ より $e = (lrB_m)\omega_m N\sin\omega_m t$

   コイル辺 a' の誘導起電力は向きが反対で大きさが等しいので, a 相の電機子巻線誘導起電力は $e = (2lrB_m)\omega_m N\sin\omega_m t$ となり, (6.4) 式と一致することがわかる.

8. $\dot{I}_1 = \dfrac{\dot{E}_{01} - \dot{V}}{jx_{s1}}$ (1)

   $\dot{I}_2 = \dfrac{\dot{E}_{02} - \dot{V}}{jx_{s2}}$ (2)

   これらを $\dot{I} = \dot{I}_1 + \dot{I}_2$ に代入して $\dot{V}$ を求めると

   $\dot{V} = \dfrac{x_{s1}x_{s2}}{j(x_{s1}+x_{s2})}\dot{I} + \dfrac{x_{s2}\dot{E}_{01} + x_{s1}\dot{E}_{02}}{x_{s1}+x_{s2}}$.

   これを (1), (2) 式に代入して

   $\dot{I}_c = \dfrac{\dot{E}_{01} - \dot{E}_{02}}{j(x_{s1}+x_{s2})}$

   とおけば (6.45) 式が得られる.

7章 演習問題解答例

1. 端子電圧（線間）を V_n, 電機子電流を I_n, 力率を $\cos\theta$ とすると, 三相電気入力は $\sqrt{3}V_n I_n\cos\varphi$. 効率を $\eta\,[\%]$ とすれば, 機械出力は $P_m = \sqrt{3}V_n I_n\cos\varphi \times (\eta/100)$.

   よって $I_n = \dfrac{P_m \times 100}{\sqrt{3}V_n I_n\cos\varphi \times \eta} = 504\,[\text{A}]$

2. 電機子抵抗が無視できるとき, 1相あたりの機械出力は (7.15) 式で与えられる. 題意から, 相電圧で表した電機子電圧 V および無負荷誘導起電力 E_0' は, それぞれ $6600/\sqrt{3}$, $6000/\sqrt{3}$. よって,

   $P = 3\dfrac{VE_0'}{x_s}\sin\delta = 3\dfrac{(6600/\sqrt{3})(6000/\sqrt{3})}{12}\sin 30° = 1650\,[\text{kW}]$

このときのベクトル図は右のようになるから
$x_s I_a = \sqrt{V^2 + E_0'^2 - 2VE_0' \cos \delta}$
$x_s = 12\,\Omega$ であるから
$I_a = \dfrac{\sqrt{V^2 + E_0'^2 - 2VE_0' \cos \delta}}{x_s} = 160$ [A]

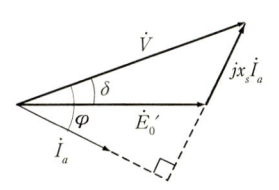

3. 非突極機で電機子抵抗が無視できるときトルクは
$T = \dfrac{3P_m}{\omega_s} = \dfrac{3p}{2\pi f} \cdot \dfrac{VE_0'}{x_s} \sin \delta$ [N·m].
最大トルクは $\delta = \pi/2$ [rad] のときであるから
$T_{\max} = \dfrac{3 \times 3}{2\pi \times 50} \cdot \dfrac{(6600/\sqrt{3}) \times 3000}{10}$ [N·m] = 32764 [N·m]
1 kgf·m = 9.8 N·m より $T_{\max} = 3343$ [kgf·m]

4. 相電圧で表した端子電圧は $V = 6600/\sqrt{3}$，無負荷誘導起電力は $E_0' = 6000/\sqrt{3}$．
$P_m = 3\dfrac{VE_0'}{x_s}\sin \delta = 3300$ [kW].
$\omega_s = 2\pi \dfrac{f}{p} = 2\pi \dfrac{50}{6} = 52.4$ [rad/s] より
$T = \dfrac{P_m}{\omega_s} = \dfrac{3300 \times 10^3}{52.4} = 62{,}977$ [N·m] = 6426 [kgf·m]
電機子電流は $I_a = \dfrac{\sqrt{V^2 + E_0'^2 - 2VE_0' \cos \delta}}{x_s} = 319$ [A]
電機子抵抗がゼロなので電気入力=機械出力，電気入力は $\sqrt{3}\,V_n I_a \cos \varphi$．$V_n$ は線間電圧．よって
$\cos \varphi = \dfrac{3300 \times 10^3}{\sqrt{3} \times 6600 \times 319} = 0.905$

5. 突極形の場合の機械出力は $P_m = 3\left[\dfrac{VE_0'}{x_d}\sin \delta + \dfrac{V^2(x_d - x_q)}{2x_d x_q}\sin 2\delta\right]$．
x_d, x_q を単位法で表すと x_d [p.u.] $= \dfrac{x_d I_n}{V}$, x_q [p.u.] $= \dfrac{x_q I_n}{V}$．これを用いて
$P_m = 3\left[\dfrac{E_0' I_n}{x_d\,[\text{p.u.}]}\sin \delta + \dfrac{V I_n}{2}\left(\dfrac{1}{x_q\,[\text{p.u.}]} - \dfrac{1}{x_d\,[\text{p.u.}]}\right)\sin 2\delta\right]$
$V = 6600/\sqrt{3}$, $E_0' = 6000/\sqrt{3}$, $I_n = 200$, $x_d = 1.2$ [p.u.], $x_q = 0.8$ [p.u.] より
$P_m = \sqrt{3} \times 10^6(\sin \delta + 0.275 \sin 2\delta)$ [W]
P_m が最大になる δ は $dP_m/d\delta = 0$ より $\delta_m = 67°$．よって $P_{\max} = 1935$ [kW].
$\delta = 30°$ のときの機械出力は $P_m = 1275$ [kW].
トルクは $T = \dfrac{P_m}{\omega_s}$[N·m] $= \dfrac{P_m}{9.8\omega_s}$[kgf·m] $= 1243$ [kgf·m]

8章 演習問題解答例

1. (1) 1000 min^{-1}, (2) 960 min^{-1} のとき $s=0.04$, 1030 min^{-1} のとき $s=-0.03$, (3) $s=1.9$, (4) 二次周波数 $=sf$, $s=0.04$, $f=50\text{ Hz}$ であるから $sf=2\text{ Hz}$.

2. $T = \dfrac{P_2}{\omega_s} = \dfrac{3}{\omega_s} \cdot \dfrac{r_2'}{s} \cdot I_2'^2$ [N·m]

   $N_s = 60 \times \dfrac{f}{p} = 1500\text{ [min}^{-1}\text{]}$, $\omega_s = 2\pi \times \dfrac{1500}{60} = 50\pi\text{ [rad/s]}$, $s = \dfrac{N_s - N}{N_s} = 0.03$,

   $r_2' = 0.045\text{ [}\Omega\text{]}$.

   $I_2' = \dfrac{V_1}{\sqrt{\left(r_1 + \dfrac{r_2'}{s}\right)^2 + (x_1 + x_2')^2}} = \dfrac{127}{\sqrt{\left(0.055 + \dfrac{0.045}{0.03}\right)^2 + (0.36)^2}} = 79.6\text{ [A]}.$

   以上より $T = 181.6$ [N·m]

3. トルクが最大になるすべりは (8.43) 式より $s = \dfrac{r_2'}{\sqrt{r_1^2 + (x_1 + x_2')^2}} = 0.331$.

   このときの二次電流は $I_2' = \dfrac{200/\sqrt{3}}{\sqrt{(1.2 + 1.18/0.331)^2 + (3.36)^2}} = 19.82$ [A]

   $\omega_s = 2\pi \times \dfrac{f}{p} = 50\pi$ [rad/s]. よって $T = \dfrac{P_2}{\omega_s} = \dfrac{3}{\omega_s} \cdot \dfrac{r_2'}{s} \cdot I_2'^2 = 26.8$ [N·m]

4. (1) $1170\text{ [min}^{-1}\text{]}$, (2) 7290 [W], (3) 59.5 [N·m], (4) 24.4 [A], (5) 0.869,

   (6) 電気入力は $\sqrt{3} \times 220 \times 24.4 \times 0.869 = 8079$ [W]. 効率は $\eta = \dfrac{7290}{8079} \times 100 = 90.2$ [%].

5. 無負荷試験の結果から $Y_0 = 24.2 \times 10^{-3}$ [S], $g_0 = 2.50 \times 10^{-3}$ [S], $b_0 = 24.1 \times 10^{-3}$ [S].
   拘束試験の結果から $Z = 4.12$ [Ω], $r_1 + r_2' = 2.38$ [Ω], $x_1 + x_2' = 3.36$ [Ω].
   抵抗測定結果 $r_1 = 1.2$ [Ω] より $r_2' = 1.18$ [Ω].

6. 75℃に換算した巻線抵抗は, (8.24) 式から $r_1 = 0.294$ [Ω].
   無負荷試験結果から $Y_0 = 0.0756$ [S], $g_0 = \dfrac{(400-200)/3}{(220/\sqrt{3})^2} = 0.00413$ [S], $b_0 = 0.0755$ [S].
   拘束試験結果から $Z = 0.832$ [Ω], $r_1 + r_2' = 0.438$ [Ω], $x_1 + x_2' = 0.707$ [Ω], $r_2' = 0.144$ [Ω].

7. $\dfrac{3r_2'}{s_2} = \dfrac{r_2'}{s_1}$ より $s_2 = 3s_1$. $s_1 = \dfrac{1500 - 1440}{1500} = 0.04$ なので $s_2 = 0.12$.
   $N_2 = (1 - s_2)N_0 = (1 - 0.12) \times 1500 = 1320\text{ min}^{-1}$

8. $T = \dfrac{P_2}{\omega_s} = \dfrac{3}{\omega_s} \left(\dfrac{r_2'}{s} I_2'^2\right)$.

$\omega_s=50\pi$ [rad/s], $r_2'=0.045$ [Ω], 始動時 ($s=1$) の $I_2'=340$ [A] より始動トルクは $T_{st}=99.4$ [N·m].

トルク最大時の $\dfrac{r_2'}{s}=\sqrt{r_1^2+(x_1+x_2')^2}=0.364$ なので,始動時 ($s=1$) にトルクが最大になる二次抵抗は $r_2'=0.364$ [Ω].最大トルクは 368 [N·m].

9. 142.5 min^{-1} のときの $s=0.05$.比例推移の性質から $\dfrac{0.1}{0.05}=\dfrac{R_2}{1}$.これより $R_2=2$ [Ω].回転子の巻線抵抗が 0.1 [Ω] なので,回転子巻線に 1.9 [Ω] の外部抵抗を接続すればよい.

10. 三相電源電圧を V_l,全負荷時のトルクと電流をそれぞれ T_n, I_n とする.Δ 結線で全電圧始動させた場合のトルク $T_{st}=1.5T_n$,始動電流 $I_{st}=6I_n$.このときの相電圧は線間電圧 V_l に等しく,相電流 I_{stp} は線電流の $1/\sqrt{3}$.すなわち $I_{stp}=I_{st}/\sqrt{3}=(6/\sqrt{3})I_n$.

Y 結線のときの相電圧は $V_l/\sqrt{3}$.巻線電流は相電圧に比例するので,Y 結線時の始動電流は $(I_{st}/\sqrt{3})/\sqrt{3}=I_{st}/3=2I_n$.すなわち Y 結線で始動させた場合,始動電流は Δ 結線の場合の 1/3,全負荷電流の 2 倍になる.

トルクは $T=\dfrac{P_2}{\omega_s}=\dfrac{3}{\omega_s}\left(\dfrac{r_2'}{s}I_2'^2\right)$ なので,すべりが等しければ相電流の 2 乗に比例する.Y 結線時の相電流は Δ 結線時の相電流の $1/\sqrt{3}$ なので,Y 結線時の始動トルクは $T_{st}\times\left(\dfrac{1}{\sqrt{3}}\right)^2=\dfrac{T_{st}}{3}=\dfrac{1.5T_n}{3}=\dfrac{T_n}{2}$.すなわち Y 結線時の始動トルクは Δ 結線の 1/3,全負荷トルクの 1/2 になる.

参 考 文 献

1) 野中作太郎：電気機器(Ⅰ)，森北出版 (1973)
2) 野中作太郎：電気機器(Ⅱ)，森北出版 (1971)
3) 猪狩武尚：電気機械学，コロナ社 (1972)
4) 宮入庄太：最新電気機器学（改訂増補），丸善 (1975)
5) 穴山　武：エネルギー変換工学基礎論，丸善 (1977)
6) 電気学会通信工学会：電気機器工学Ⅰ（改訂版），電気学会 (1990)
7) 村上孝一：電気機器工学，オーム社 (1990)
8) 前田　勉，新谷邦弘：電気機器工学，コロナ社 (2001)
9) エレクトリックマシーン&パワーエレクトロニクス編纂委員会編："エレクトリックマシーン&パワーエレクトロニクス"，第1版第2刷，森北出版 (2005)

索　引

ア　行

一次エネルギー　2
一次換算等価回路　60
インダクタンス　20

渦電流損　52
運動方程式　42

永久機関　1
永久磁石界磁形　75
エネルギー保存則　1,8
MHD（Magneto-hydro-dynamic）　19
L型簡易等価回路　58
円筒形回転子　99
エントロピー増大則　9

横流　116

カ　行

界磁　75
界磁極　74
界磁制御　91
界磁電流　75
界磁巻線　75
回転界磁形　99
回転系　37
回転子　75
回転電機子形　99
外部特性曲線　113
開放試験　62
回路方程式　42
角速度　41
かご形回転子　133

重ね巻　79
過渡安定極限電力　129
過渡安定度　129
過渡リアクタンス　130
火力発電　7,10
カルノー効率　7,9,10

機械エネルギー　48
機械角　101
機械出力　82
機械振動系　46
機械損　82
機械的仕事　30,34
起磁力　26,29
起磁力法　114
起電力法　114
逆起電力　81
規約効率　66,67,124
強磁性体　23,29
極数切換　147
極対数　80
キルヒホッフの法則　24

クレーマ方式　149

減磁作用　107
原子力　2
原子力発電　7,10

交差磁化作用　84,107
交流発電機　6
固定子　75
固定損　66
コンデンサ始動形モータ　151
コンデンサモータ　152

サ 行

差動複巻　89
産業革命　6
三相交流　40
三相磁界　40
三相瞬時電力　72
三相変圧器　69

磁化電流　54
磁気エネルギー　29,31,32,36
磁気回路方程式　16,21,23
磁気随伴エネルギー　29,31,32,36
磁気抵抗　22
磁気的中性点　83
磁気リラクタンス　22,24
自己始動法　126
仕事率　1
磁心の等価回路　51
磁束　17
磁束密度　11,22
始動抵抗器　95
始動補償器法　144
始動巻線　126
集中巻　100
周波数制御（誘導モータの）　148
蒸気機関　5
消散関数　47
初期過渡リアクタンス　130
新エネルギー　2
真空の透磁率　11
真空の特性インピーダンス　16
真空の誘電率　11

水力発電　7
スキュー　133
ストークスの定理　17,21
すべり　135
スリップリング　97
スロット　75

静止クレーマ方式　149

静止セルビウス方式　149
静止レオナード方式　92
制動巻線　126,128
整流子　74
セルビウス方式　149
線間電圧　72
全電圧始動　144
線電流　72
全日効率　69

増磁作用　107
相順　41
送電線　15
速度起電力　33

タ 行

脱出トルク　124
他励式　82
単位法　113
単極機　19
短節巻　103
短節巻係数　103
単相交流　42
単相誘導モータ　150
短絡インピーダンス　66
短絡曲線　112
短絡試験　62
短絡比　113

柱上変圧器　61
調速機　117
直軸電機子反作用リアクタンス　110
直軸同期リアクタンス　110
直並列始動　95
直巻式　82
直巻特性　88
直流機　20
直流チョッパ方式　92,95
直流発電機　6

定格出力　63
T 型等価回路　56

索　引　　　　　　　　　　　　　　　　　　　　　　　　　　　*169*

抵抗始動法　95
抵抗制御　90
抵抗測定　62
低周波始動法　127
定態安定度　129
定態リアクタンス　130
低電圧始動法　95
鉄機械　113
鉄損　52,66,82
鉄損電流　54
Δ結線　71
電圧駆動　25
電圧制御　91,147
電圧変動率
　　同期発電機の――　114
　　変圧器の――　63,64
電気エネルギー　3
電気角　101
電気機械結合系　42
電機子　75
電機子電流　75
電機子反作用　84,106
電機子反作用リアクタンス　108
電機子巻線　75
電磁波　13
電磁波伝播　13
電磁誘導　5,18
電磁誘導則　17,23
電磁力　34,35
電束密度　11,12
電動機　48
電力伝送効率　66,67
電力用変圧器　58

等価インピーダンス　44
等価回路　43
等価回路定数　61
等価正弦波電流　53
同期インピーダンス　108
銅機械　113
同期角速度　106
同期化力　117
同期機の安定度　129

同期速度　106
同期調相機　126
同期はずれ　123,128
同期リアクタンス　108
同期ワット　141
銅損　67,82
等面積法　129
特殊かご形誘導モータ　144
特性インピーダンス　14
突極形回転子　99
凸極型の磁性体回転子　38
トルク　37,81

ナ　行

内部相差角　109
波巻　79

二次エネルギー　2
二次換算等価回路　61
二次抵抗制御　149
二次銅損　140
二次入力　140
二重かご形誘導モータ　144
二次励磁制御　149
二層巻　77

熱過程　7

ハ　行

配電線　15
配電用変圧器　69
発生トルク　39
発電機　48

B-H 曲線　29
ヒステリシス損　52
非凸極回転子　38
非突極形回転子　99
百分率抵抗降下　65
百分率リアクタンス降下　65
比例推移　142

Φ-i 曲線　57
Φ-i 平面　30
ファラデー　5, 17
V/f 制御　148
V 曲線　126
負荷角　109
負荷損　68
負荷トルク　39
深みぞかご形誘導モータ　145
負荷率　68
複巻式　82
ブラシ　74
ブラシ損　82
ブロンデル線図　125
分巻式　82
分布巻　101
分布巻係数　102

並行運転　115
平衡三相　70
並列回路数　79
変圧器　33, 51
変圧器起電力　33
変圧器等価回路　55
変位電流　12, 15
変換効率　3, 49

ポインティングベクトル　14
補極　85
補償巻線　85

マ 行

巻数比　57
巻線界磁形　75
巻線形回転子　133
巻線係数　104
巻線抵抗　27
マックスウェル　11

——の方程式　16
無負荷損　66
無負荷飽和曲線　112

漏れ磁束　27
漏れリアクタンス　55

ヤ 行

誘導制動機　142
誘導発電機　143
ユビキタス社会　4

揚水発電所　4
横軸電機子反作用リアクタンス　110
横軸同期リアクタンス　110

ラ 行

ラグランジアン　45
ラグランジュ　45
乱調　128

理想変圧器　55
リラクタンストルク　39

励磁アドミタンス　54
励磁コンダクタンス　54
励磁サセプタンス　54
励磁電流　25

ワ 行

Y 結線　71
Y-Δ 始動　144
和動複巻　89
ワードレオナード方式　91

著者略歴

松木英敏
1950年 宮城県に生まれる
1980年 東北大学大学院工学研究科
　　　 博士後期課程修了
現　在 東北大学大学院医工学研究科
　　　 教授
　　　 工学博士

一ノ倉　理
1951年 岩手県に生まれる
1980年 東北大学大学院工学研究科
　　　 博士後期課程修了
現　在 東北大学大学院工学研究科
　　　 教授
　　　 工学博士

電気・電子工学基礎シリーズ 2
電磁エネルギー変換工学

定価はカバーに表示

2010年 3月15日　初版第1刷
2020年 3月25日　第6刷

著　者　松　木　英　敏
　　　　一ノ倉　　　理
発行者　朝　倉　誠　造
発行所　株式会社　朝倉書店
　　　　東京都新宿区新小川町 6-29
　　　　郵便番号　162-8707
　　　　電話 03(3260)0141
　　　　FAX 03(3260)0180
　　　　http://www.asakura.co.jp

〈検印省略〉

© 2010〈無断複写・転載を禁ず〉　　　　真興社・渡辺製本

ISBN 978-4-254-22872-4　C 3354　　Printed in Japan

JCOPY ＜出版者著作権管理機構 委託出版物＞

本書の無断複写は著作権法上での例外を除き禁じられています．複写される場合は，
そのつど事前に，出版者著作権管理機構（電話 03-5244-5088, FAX 03-5244-5089,
e-mail: info@jcopy.or.jp）の許諾を得てください．

好評の事典・辞典・ハンドブック

物理データ事典	日本物理学会 編	B5判 600頁
現代物理学ハンドブック	鈴木増雄ほか 訳	A5判 448頁
物理学大事典	鈴木増雄ほか 編	B5判 896頁
統計物理学ハンドブック	鈴木増雄ほか 訳	A5判 608頁
素粒子物理学ハンドブック	山田作衛ほか 編	A5判 688頁
超伝導ハンドブック	福山秀敏ほか編	A5判 328頁
化学測定の事典	梅澤喜夫 編	A5判 352頁
炭素の事典	伊与田正彦ほか 編	A5判 660頁
元素大百科事典	渡辺 正 監訳	B5判 712頁
ガラスの百科事典	作花済夫ほか 編	A5判 696頁
セラミックスの事典	山村 博ほか 監修	A5判 496頁
高分子分析ハンドブック	高分子分析研究懇談会 編	B5判 1268頁
エネルギーの事典	日本エネルギー学会 編	B5判 768頁
モータの事典	曽根 悟ほか 編	B5判 520頁
電子物性・材料の事典	森泉豊栄ほか 編	A5判 696頁
電子材料ハンドブック	木村忠正ほか 編	B5判 1012頁
計算力学ハンドブック	矢川元基ほか 編	B5判 680頁
コンクリート工学ハンドブック	小柳 洽ほか 編	B5判 1536頁
測量工学ハンドブック	村井俊治 編	B5判 544頁
建築設備ハンドブック	紀谷文樹ほか 編	B5判 948頁
建築大百科事典	長澤 泰ほか 編	B5判 720頁

価格・概要等は小社ホームページをご覧ください．